飼いたい種類が見つかる

爬虫類・両生類図鑑

人気種から希少種まで

厳選120種

生き物系 YouTuber
RAF ちゃんねる

有馬 監修

はじめに

ようこそ、爬虫類&両生類の世界へ。

お疲れ様です。RAFちゃんねるの有馬です。

生き物系YouTuberとして活動していることがきっかけで「書籍の監修」に携わるようになったのですが、今回で早くも2冊目となります。

初めて監修した書籍『爬虫類と両生類の暮らしを再現 ビバリウム 生息環境・品種別のつくり方と魅せるポイント』は多くの方が読んでくださり、おかげさまでご好評の声をいただきました。

本当に嬉しい限りです。有難うございます！

本書は前作とは大きく変わり「爬虫類・両生類図鑑」です。

タイトルからも「飼いたい種が見つかる」「人気種から希少種まで厳選120種」とあるように、ビギナーから爬虫類飼育に慣れた方まで、幅広い層に楽しんでもらえるラインナップを目指しました。

図鑑という性質上、前作と比べるとかなりライトな内容になっているかと思いますが、「初めての爬虫類飼育」「新しい種への挑戦」のきっかけにしていただけると嬉しいです。

「人気種から希少種まで厳選120種」、正確にいうと120種以上掲載されているのですが、王道の人気種ばかりではなく、生体の特性やビジュアルなどを総合的に評価して、飼育するときっと楽しい種もたくさん含まれています。

なので飼育難易度が高い種もいますし、価格的にもなかなか手が出せない種や、流通量的にも出会う機会がかなり少ない種もいます。

僕がこれから爬虫類・両生類に興味関心を持ってくれる皆様に是非とも紹介したい、知っておいてほしい種を120種選抜した「図鑑」と思っていただければと思います！
「飼育年数＝飼育技術(センス)」とも限らないので、そういった観点からも飼育難易度を問わず、おすすめしたい種を載せています。

構成としては「ヤモリ」「トカゲ」「ヘビ」「カメレオン」「カエル」「イモリ・サラマンダー」と分類ごとの章にわかれていて、さらに日本の爬虫類市場寄りの内容にしています。

特にレオパ（ヒョウモントカゲモドキ）、ニシアフ（ニシアフリカトカゲモドキ）、ボールパイソンなど、日本の爬虫類ショップで人気な品種は、モルフ図鑑かと思うほど数多くのモルフを掲載しています(とはいえ、ページ数にも限りがあり、載せたいもの全てを載せられた訳ではないのですが……)。モルフを楽しんでもらう意味でも良い図鑑になっているかと思います。

　個人的には国内に分布する爬虫類・両生類も愛していて、可能な限りそれらのラインナップも掲載しています(国内のサンショウウオは保全の観点で割愛しています)。

　また、各章の章末には「Special Content」（特別企画）としてその章の代表種の飼育例を掲載しています。
　ここは前作とは違ってレイアウトやメンテナンスの手間がかからないような、簡単な管理方法としての飼育環境を例に載せていますので完全に初心者向けとなります。

　何はともあれ本書を通して1人でも多くの方が、「爬虫類・両生類ってこんな種類がいるんだ」「これらは日本で入手可能なんだ」ということを知り、お気に入りの種の飼育にチャレンジしてもらえたら嬉しい限りです。

　本書を制作するにあたり、多くの方にご協力いただき、数多くの写真を掲載することができました。
　撮影にご協力いただいた皆様、写真をご提供いただいた皆様、本当に有難うございました。

　監修を務めた書籍は本書で2冊目ですが、今回も最善を尽くして制作に挑みました。
　本書をきっかけに爬虫類・両生類の飼育を始めることにした方、新しい種を迎えることになった方は、前作『爬虫類と両生類の暮らしを再現 ビバリウム 生息環境・品種別のつくり方と魅せるポイント』も是非ご覧ください。

　引き続き、RAFちゃんねる有馬を宜しくお願いします！

RAFちゃんねる 有馬

飼いたい種類が見つかる 爬虫類・両生類図鑑
人気種から希少種まで厳選120種

目次

第1章 爬虫類 ヤモリ

第2章 爬虫類 トカゲ

第3章 爬虫類 ヘビ

第4章 爬虫類 カメ

第5章 爬虫類 カメレオン

第6章 両生類 カエル

第7章 両生類 イモリ・サラマンダー

本 書 の 見 方

　本書は一般家庭で飼育可能な爬虫類・両生類の仲間を120種紹介している図鑑です。飼いたい種類が見つかるように、生体の写真とともに成長したときのサイズや種としての特徴を掲載しています。

本書の構成

　本書は「第1章 爬虫類 ヤモリ」から「第7章 両生類 イモリ・サラマンダー」までの全7章で、各章は同じ科に分類される種で構成されています。各章内での掲載順は同じ属の種や国内に分布する種など、関連性のあるものを比較して見られるようにまとめています。また、国内での飼育数が多く、人気の種はより多くの写真を掲載しています。

図鑑ページの要素

　種の特徴がわかりやすいように入手のしやすさなどは星の数で表し、全長や分布している自然環境は表にまとめています。

❶生体写真
メインの写真はその種の成体（大人になった個体）あるいは若い個体でも成体と姿がそれほど変わらない個体です

❷種名等
「掲載ナンバー」「種名」「科・属名」「英名」です
※「掲載ナンバー」は本書独自の番号で掲載順を表しています
※「科・属名」は新たな発見や考え方により本書とは異なることもあります
※「英名」は英語での表記で「学名」とは異なります

❸「しやすさ」の目安
「入手」と「飼育」のしやすさの目安です。国内に分布する種は星印の右に「国内」マークがついています。詳しくは9ページをご参照ください

❹その種の紹介
その種の特徴や飼育する際のポイントを紹介しています

❺生物データ
その種の全長などのデータです。詳しくは10ページをご参照ください

※爬虫類は「体の表面がウロコで覆われている」「一部の種を除いて卵生である」などの特徴がある生物群のことで、本書では一般家庭で飼育できるヤモリやトカゲ、ヘビ、カメレオンを含む「有隣目」、カメを含む「カメ目」に含まれる種を紹介しています（鳥が分類される「鳥類」などの群の種は紹介していません）

図鑑ページ（人気種）の要素

人気が高い種はモルフなども紹介しています。

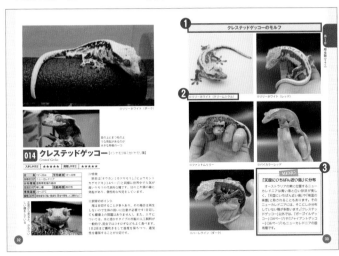

❶ **ページの内容**
「モルフ」や「いろいろな体色」など、そのページで紹介している内容を表しています

❷ **写真の説明**
その写真の説明です。先頭に ●（丸印）がついているものは「モルフ」や「種」などの名前です

❸ **メモ**
その種に関連する、ちょっとした情報をまとめています

「入手」と「飼育」のしやすさ

（掲載例）　入手しやすさ　★★★☆☆　　飼育しやすさ　★★☆☆☆　　国内

「入手」と「飼育」について、そのしやすさを5段階評価で表しています。色のついた星が多いほど、それぞれ「入手をしやすい」「飼育をしやすい」ということになります。なお、これらは2023年12月現在の市場の状況をもとに、様々な要素を考慮して総合的に判断した相対的な評価であり、編集部が独自に定めたものです。あくまでも目安で、ベースとなっている内容は下の表の通りです。

		国内に分布する種 （国内マークがついている種／ 採取する場合とショップで購入する場合の 二つの要素別に評価している）	国外 （ショップで購入する場合のみで評価している）
入手のしやすさ	★★★★★	容易に採取可能／比較的、多くのショップで販売している	多くのショップが扱っている
	★★★★☆	生息地がわかれば比較的、容易に採取可能／ショップでも販売している	市場に流通しているが、どこのショップにでもいるわけではない
	★★★☆☆	一部の地域で採取可能／大規模の爬虫類イベントなどで販売している	大規模な爬虫類イベントなどで見かける
	★★☆☆☆	生息地が少なく、採取に苦労する／扱っているショップが少ない	市場の流通数が限られていて扱っているショップも少ない
	★☆☆☆☆	滅多に目撃することがない／爬虫類ショップではほとんど見かけない	市場にはほとんど流通しておらず、稀に見かける
飼育のしやすさ	★★★★★	種自体が丈夫で、飼育方法も確立されているので、初心者が気軽にチャレンジできる	
	★★★★☆	爬虫類・両生類を飼育した経験があれば問題なく飼育可能	
	★★★☆☆	爬虫類・両生類の飼育に慣れていればチャレンジ可能	
	★★☆☆☆	爬虫類・両生類の飼育に慣れていても、エサの種類や温度、飼育環境など、何かしらの難しい点がある	
	★☆☆☆☆	温度・湿度、エサの種類、種自体の丈夫さなど、多くのハードルがあり、爬虫類・両生類の飼育の上級者でも注意が必要	

生物データ

(掲載例)

全　　　長	40〜50cm	平均寿命	5〜10年
分布エリア	オーストラリア		
分布環境	乾燥気味の気候の森林、低木地、砂漠		
生活エリア	地表棲	活動時間	昼行性
環境温度	25〜30℃（ホットスポット35〜40℃前後）		
食性（エサ）	雑食性（昆虫や野菜など）		

生物としての
データ

飼育に役立つ
データ

「生物データ」の上側は分布しているエリアなどの生物としてのデータ、下側はケージ内の最適な温度などの飼育に役立つデータです。具体的には下でまとめた内容を記しています。

全　　　長	・その種の頭（鼻）の先端から尾の先端までの一般的なサイズ ・カメの仲間は甲羅のサイズで表している	平均寿命	・飼育環境下での平均的な寿命
分布エリア	・自然環境下で分布している地図上の国やエリア		
分布環境	・自然環境下で分布している気候や状況（森林や岩場、水辺など）		
生活エリア	・地表棲／主として樹木の上や水中ではなく、主に地面付近で生活 ・樹上棲／主として樹木に登り、主に樹上で生活 ・水棲／主として湖や池などの水のなかで生活 ・半樹上棲／地面付近と樹上の両方で生活 ・半水棲／水中と地面付近の両方で生活	活動時間	・昼行性／主に日中の明るい時間帯に活動 ・夜行性／主に夜間の暗い時間帯に活動 ※日の出＆日の入り時などに活発する活動する種や個体もいて、必ずしも「昼行性」と「夜行性」が明確ではないケースもある
環境温度	・その種に適した環境の温度。1年を通してケージ内の温度をその範囲内で維持するのが基本。一部の種については説明で最適な温度も記している ・昼行性の爬虫類・両生類の仲間はバスキングライトと紫外線ライトを使って、ケージ内の一部を温めるのが基本。その温度が高い部分を「ホットスポット」という。本書では、「ホットスポット」が必要な種は、その目安の温度も記している ・湿度も考慮したい要素で、爬虫類・両生類の仲間は「定期的な霧吹き」などで一定の湿度を維持したい種が多い（本書では特に意識したい種については本文中に記載している）		
食性（エサ）	・動物食性／自然環境下ではネズミなどの小動物やコオロギなどの昆虫を食べる ・植物食性／自然環境下では植物を食べる ・雑食性／小動物や昆虫、植物の両方を食べる ※（　）内は一般的なエサの一例。生体の好みや飼育者の環境などに応じて適切なものを選ぶことになる		

本書に登場する主な用語

　爬虫類・両生類の世界では普段の生活ではあまり使用されない用語が使われることがあります。ここでは本書で使用されている主な用語を五十音で紹介します。

アルビノ
先天的に体の色素が欠乏してしていること(または、その個体)。同じ種でもアルビノの個体は体色などが大きく異なる。

クーリング
爬虫類・両生類の繁殖に関係するワード。繁殖を誘発することが目的で、冬季を疑似体験させるためにケージ内の温度を一定期間、低めに管理すること。

ケージ
飼育用の容器のこと。種に応じたサイズや素材を選ぶのが基本。

固有種(こゆうしゅ)
特定の国や地域にしか生息・生育・繁殖していない種。

紫外線ライト(しがいせんライト)
紫外線を照射するライト。とくに昼行性の種には紫外線ライトの一種、UVBライトが必要となる。

人工飼料(じんこうしりょう)
人の手によって加工されたエサで、水を入れてふやかす乾燥タイプ、あるいはゲル状のものが多い。人気が高い種は、その種専用のものが市販されていて、「含まれている栄養素のバランスがよい」「管理がしやすい」などのメリットがある。ただし、食べない個体もいる。

床材(とこざい)
ケージの底に敷くもので、「ゆかざい」とも読む。赤玉土などの天然由来のもの以外に、ペットシーツなどの人工のものもある。

バスキングライト
ケージ内の温度を調整するためのライトで、ケージ内の一部を温める。また、ケージ内の日光浴ができる場所をバスキングポイント(あるいはバスキングスポット)という。

パネルヒーター
ケージ内の温度を保つためのパネル状の保温器具。

ハンドリング
爬虫類・両生類のコミュニケーションの一環として、個体を手で持つこと。ハンドリングのしやすさは種によって異なり、個体差もある。なお、ハンドリングしたあとは手を洗うこと。

ホットスポット
ケージ内の温度が高い一部の場所。とくに昼行性の爬虫類・両生類の種はケージ内に温度が高いホットスポットを設け、温度が低いところとの温度の傾斜ができるように管理するのが基本。

マウス
小型のネズミの通称。爬虫類・両生類ショップなどで販売している冷凍したものは大型の動物食性の爬虫類・両生類のポピュラーなエサである。なお、「ラット」もネズミの通称だが、「マウス」よりも体のサイズが大きい。

モルフ
体色や柄、大きさなどの特徴的な形質のこと。その形質は、1匹の個体だけではなく、子孫に引き継がれる。

ローカリティ
一つの地域内でも、そのなかの場所(エリア)によって個体群の「色・模様・大きさ」などに違いが出る場合があり、それらを産地ごとにわける際に「ローカリティ〇〇」と表現する。「モルフ」と似ているが、「ローカリティ」は自然発生的なもので、「モルフ」は人工的に作出(確立)された遺伝的な特徴の違い。「ローカリティ」も特徴は遺伝する。

ワイルド個体
自然環境下で採取された個体でWC個体と表記することもある。一方、人に手によって繁殖された個体をCB個体と表記する。

第1章

爬虫類
ヤモリ

▲ボルネオキャットゲッコー→40ページ

ヤモリ科に属する種はとても多くいます。特徴としては一部の種を除き、
「瞼（まぶた）がない」「夜行性が多い」などが挙げられ、似た姿のトカゲ科の種にくらべると
体のサイズが小さい傾向があります。なかでもヒョウモントカゲモドキ（14ページ）や
ニシアフリカトカゲモドキ（20ページ）は高い人気を誇ります。

本章の掲載種

▲ヒョウモントカゲモドキ
→14ページ

●原種／アフガン

001 ヒョウモントカゲモドキ 【トカゲモドキ科 ヒョウモントカゲモドキ属】
Leopard Gecko

| 入手しやすさ | ★★★★★ | 飼育しやすさ | ★★★★★ |

全　長	20～25cm	平均寿命	10～15年
分布エリア	パキスタン・アフガニスタンなどの中東		
分布環境	乾燥気味の荒地や草原		
生活エリア	地表棲	活動時間	夜行性
環境温度	27～31℃		
食性(エサ)	動物食性(コオロギや人工飼料など)		

瞳孔が赤く、その周囲が黒い目は「ターミネーターアイ」と呼ばれる

■特徴

　別名は「レオパ」。国内の一般家庭でもっとも多く飼育されている爬虫類の種とされていて、モルフもとても豊富です。種名はヒョウのような模様をしていることに由来するとされています。また、ヤモリの仲間の多くは瞼(まぶた)がありませんが、本種は瞼があります。

■飼育のポイント

　大人しい性格の個体が多く、ケージは最小だと幅20×奥行30×高さ15cmぐらいで飼育可能です。身を隠すためのシェルターと保温のためのパネルヒーターを設置するのが基本です。夜行性のため紫外線ライトは不要です。

ヒョウモントカゲモドキのモルフ

●ハイイエロー

●スーパーマックスノー

●パイドギャラクシー

●ダルメシアン（スーパーマックスノーエニグマ）

●ベルアルビノ

●オーロラ（W＆Yベルアルビノ）

●レーダー

●スノーレーダー

●レーダーエニグマ

●ステルス(スノーレーダーエニグマ)

●スノーラプター

ヒョウモントカゲモドキのモルフ

● カルサイト（W&Y スノーレーダーエニグマ）

● カルサイト（左の写真とは別個体）

● スーパーカルサイト（W&Y スーパースノーレーダーエニグマ）

● スーパーカルサイト（パラドックス）

● ブラッドサッカー（スノーベルアルビノエニグマ）

● ブラッドサッカー（左の写真とは別個体）

● スーパースノーベルアルビノエニグマ

● スノーブリザード

● スノーホワイトナイト（スノーブリザードレーダー）

● ラプター

● ノヴァ（ラプターエニグマ）

● W&Y ラプター

ヒョウモントカゲモドキのモルフ

●ディアブロブランコ（ブリザードラプター）

●バンディッド

●アトミックGG

●ブラッドマンダリン

●ドリームシクル（スノーラプターエニグマ）

ヒョウモントカゲモドキのモルフ

●マンダリン

●タンジェリンエクリプス

●W&Yエクリプス

●レイニングレッドストライプ

●サイクロン（マーフィーパターンレス
　レインウォーターアルビノエクリプス）

●ブラックナイト

●ブラックナイト（右上の写真と
　は別個体）

●スーパースノーラプター

●ブラックナイト（本家Ferryラ
　イン）

MEMO

ヒョウモントカゲモドキは鳴くこともある

　爬虫類のなかには鳴く種もいます。とくによく知られてい␣るのが「トッケイヤモリ」（36ページ）で、「トッケイヤモリ」は自然環境下では大きな声で鳴きます。「ヒョウモントカゲモドキ」も鳴くことがあり、鳴くのは威嚇時や興奮時、驚いたときなどとされています。鳴き声は「ギュー」というような音で、音の大きさはそれほど大きくありません。

●ノーマル（ストライプがないタイプ）

002 ニシアフリカトカゲモドキ 【トカゲモドキ科 フトオトカゲモドキ属】

African Fat-tail Gecko

入手しやすさ	★★★★★	飼育しやすさ	★★★★★

全　　長	20～25cm	平均寿命	10～15年
分布エリア	セネガルなどのアフリカ大陸の中西部		
分布環境	湿った荒地や乾燥気味の気候の草原、岩場		
生活エリア	地表棲	活動時間	夜行性
環境温度	28～32℃		
食性（エサ）	動物食性（コオロギや人工飼料など）		

●ノーマル（ストライプ）

■特徴

　とくに最近、人気が高くなっている種です。愛好家のあいだでは略して「ニシアフ」と呼ばれています。「ヒョウモントカゲモドキ」（14ページ）と同じ科の種で外見や大きさも似ています。一般的には「ヒョウモントカゲモドキ」よりも体は少し太めで、四肢が短めの個体が多い傾向があります。

■飼育のポイント

　生態も「ヒョウモントカゲモドキ」に似ていますが、ケージ内の温度は少し高めの30℃前後に設定します（湿度は60～80％が目安）。性格はおとなしい個体が多く、たとえシェルターから出てこなくても、あまり心配する必要はありません。

ニシアフリカトカゲモドキのモルフ

●ホワイトアウト

●ホワイトアウト（ストライプ）

●オレオ

●オレオ（ストライプ）

●ホワイトアウトオレオ

●ホワイトアウトオレオ（ストライプ）

ニシアフリカトカゲモドキのモルフ

●ホワイトアウトオレオパターンレス

●ホワイトアウトオレオパターンレス (ストライプ)

●パターンレス

●パターンレス(ストライプ)

●オレオパターンレス

●オレオパターンレス (ストライプ)

ニシアフリカトカゲモドキのモルフ

●アメル（アメラアルビノ）

●アメル（アメラアルビノ／ストライプ）

●ホワイトアウトアメル

●アメルパターンレス

●ホワイトアウトアメルパターンレス

●ラキビノ（キャラメルアメル）

●ラキビノ（キャラメルアメル／ストライプ）

●ホワイトアウトラキビノ

●ラキビノズールー

●キャラメルアルビノ

MEMO

おとなしい性格

「ニシアフリカトカゲモドキ」はおとなしく、のんびりしている個体が多い傾向があります。ハンドリングにもとても向いている種です。

ニシアフリカトカゲモドキのモルフ

●ズールー

●キャラメルズールー

●ホワイトアウトズールー

●オレオズールー

●アメルズールー

●スノーズールー（キャラメルオレオズールー）

ニシアフリカトカゲモドキのモルフ

●スノーゼロ（キャラメルオレオ
セロ）

●ゼロ

●タンジェリンゴーストスティン
ガー

●ホワイトアウトゴースト

●ホワイトアウトゴースト（スト
ライプ）

●オレオゴースト

●ホワイトアウトオレオゴースト

●ゴーストズールー

●ゴーストパターンレス

●パープルヘイズ（ゴーストオレ
オパターンレス）

MEMO

尾を切って身の安全を守る

　動物が敵に襲われたときに、自ら体の一部を切って落と
して敵から逃れる現象を「自切（じせつ）」といいます。そし
て、「ニシアフリカトカゲモドキ」や「ヒョウモントカゲモ
ドキ」は自切をします。飼育環境下においては簡単に自切
をすることは少ないものの、自切を防ぐために無理なハン
ドリングに注意しましょう。

◎ケルマンシャー

MEMO	
名前は学名由来	

「オバケ」という個性的な名前の由来は諸説あります。その一つが学名の「Eublepharis Angramai-nyu」にちなむというもの。「Ang-ramainyu」はゾロアスター教の「闇の精霊」です（「Eublepharis」はアジアトカゲモドキ属という意味）。その名前とは裏腹に性格は温厚な個体が多いとされています。

003 オバケトカゲモドキ【トカゲモドキ科 アジアトカゲモドキ属】
Iranian Fat-tailed Gecko

入手しやすさ	★★★☆☆	飼育しやすさ	★★★★★

「ヒョウモントカゲモドキ」（14ページ）の近縁種で、本種のほうが体のサイズが大きめです。体型も異なり、全体的に細身で四肢が長く、人間でいう手のひらの部分が大きくなる傾向があります。

全　　長	25〜35cm	平均寿命	10〜15年
分布エリア	イラン西部、イラクの北部や東部		
分布環境	乾燥気味の気候の荒地や草原		
生活エリア	地表棲	活動時間	夜行性
環境温度	25〜30℃		
食性（エサ）	動物食性（コオロギなどの昆虫）		

体型はずんぐりしていて、体表の質感も滑らか

004 ダイオウトカゲモドキ【トカゲモドキ科 アジアトカゲモドキ属】
Western Indian Leopard Gecko

入手しやすさ	★★★☆☆	飼育しやすさ	★★★★★

別名は「ニシインドトカゲモドキ」。種名の「ダイオウ（大王）」は国内の市場に流通しはじめたときに属内最大種とされてつけられましたが、上の「オバケトカゲモドキ」のほうが大きくなります。

全　　長	20〜25cm	平均寿命	10〜15年
分布エリア	インド西部		
分布環境	乾燥気味の気候の岩石砂漠や草原		
生活エリア	地表棲	活動時間	夜行性
環境温度	25〜30℃		
食性（エサ）	動物食性（コオロギなどの昆虫）		

全　　　長	20〜23cm	平均寿命	10〜15年
分布エリア	インド東部		
分布環境	湿度が高めの気候の森林		
生活エリア	地表棲	活動時間	夜行性
環境温度	25〜28℃		
食性(エサ)	動物食性(コオロギや人工飼料など)		

　インドの東部に分布する、「ヒョウモントカゲモドキ」の近縁種です。学名の「Eublepharis Hardwickii」から、「ハードウィッキー」と呼ばれることもあります。体のサイズは小さく、属内の最小種です。標高500メートルあたりに生息しているので、過度な高温は好みません。一方、湿度は高めに維持したほうが体調がよい傾向があります。

005 ヒガシインドトカゲモドキ 【トカゲモドキ科 アジアトカゲモドキ属】
Eastern Indian Leopard Gecko

入手しやすさ	★★★☆☆	飼育しやすさ	★★★★★

006 アンダーウッディーサウルス 【カワリオヤモリ科 ナキツギオヤモリ属】
Australian Thick-tailed Gecko

入手しやすさ	★★★★☆	飼育しやすさ	★★★★★

　別名を「ナキツギオヤモリ」といい、欧米の爬虫類・両生類の愛好家のあいだでは古くから「ミリー」の愛称で親しまれています。体表の黒系のベースに明るい色の小さな斑点が美しい種です。

全　　　長	12〜15cm	平均寿命	4〜6年
分布エリア	オーストラリア		
分布環境	乾燥気味の気候の森林や岩場		
生活エリア	地表棲	活動時間	夜行性
環境温度	26〜30℃		
食性(エサ)	動物食性(コオロギなどの昆虫)		

ノーマル

●ノーマル（全体的に色味がやや濃い個体）

▶パターンレス（体の表面の斑点がない個体）

007 ナメハダタマオヤモリ 【カワリオヤモリ科タマオヤモリ属】
Common Smooth Knob-tailed Gecko

入手しやすさ	★★★★☆	飼育しやすさ	★★★★☆

全　　　長	10〜12cm	平均寿命	5〜10年
分布エリア	オーストラリア		
分布環境	乾燥した気候の荒れ地や砂漠		
生活エリア	地表棲	活動時間	夜行性
環境温度	28〜32℃		
食性（エサ）	動物食性（コオロギや人工飼料など）		

●アルビノ（エクストリームレッド）

■特徴
　体のサイズが小さいヤモリで、太くて短めの尾の先端は小さな球状をしています（その特徴が名前の「タマオ」の由来になったとされています）。体に対して大きな頭をしていて、目が大きいのも特徴です。また、体色は同じノーマルでも明暗が異なり、個体差が大きいのも特徴です。性格は神経質で臆病な性格の個体が多い傾向があります。

■飼育のポイント
　自然環境下では地面に巣穴を掘って生活しているので、ケージ内には厚めに床材を敷きます（目安は5cmぐらい）。

MEMO

尾の先端に玉

本種や左ページの「ナメハダタマオヤモリ」のようにタマオヤモリ属の仲間は尾に特徴があり、先端は小さな球状をしています。その様は小さな玉がついているようにも見えます。

008 オニタマオヤモリ 【カワリオヤモリ科タマオヤモリ属】
Rough Knob-tailed Gecko

入手しやすさ	★★☆☆☆	飼育しやすさ	★★★★☆

尾がとても短く、個性的なフォルムをしています。タマオヤモリ属のなかでは大型で、迫力があることから、とても人気が高い種です。ただ、市場の流通量が少なく、販売価格は高額となっています。

全 長	12〜15cm	平均寿命	7〜10年
分布エリア	オーストラリア		
分布環境	乾燥気味の荒れ地や草原		
生活エリア	地表棲	活動時間	夜行性
環境温度	28〜30℃		
食性（エサ）	動物食性（コオロギなどの昆虫）		

尾の先端に玉のようなものがついている

009 オビタマオヤモリ 【カワリオヤモリ科タマオヤモリ属】
Banded Knob-tailed Gecko

入手しやすさ	★★★☆☆	飼育しやすさ	★★★★☆

名前が示すようにオビ（帯）状の模様が特徴です。体色の地色はピンクや赤褐色といった赤系で、オビは褐色系です。尾の先の玉のようなものを振る様がかわいらしく、人気があります。

全 長	8〜10cm	平均寿命	7〜10年
分布エリア	オーストラリア		
分布環境	乾燥気味の気候の森林や岩場		
生活エリア	地表棲	活動時間	夜行性
環境温度	28〜30℃		
食性（エサ）	動物食性（コオロギなどの昆虫）		

左の写真とは別の個体。体色の明るさや尾の模様などに個体差がある

010 ハイナントカゲモドキ【トカゲモドキ科 キョクトウトカゲモドキ属】

Hainan Leopard Gecko

入手しやすさ	★★★★☆	飼育しやすさ	★★★★★

中国南部の海南島（「かいなんとう」または「はいなんとう」）に分布するトカゲモドキ科の種。幼体はオレンジ色系の縞模様がはっきりとしています。湿度と通気性に気をつければ、比較的、飼育は容易です。

全　　　長	13〜16cm	平均寿命	8〜12年
分布エリア	中国海南省（海南島）		
分布環境	湿度がやや高めの気候の洞窟や森林		
生活エリア	地表棲	活動時間	夜行性
環境温度	23〜27℃		
食性（エサ）	動物食性（コオロギなどの昆虫）		

011 バワンリントカゲモドキ【トカゲモドキ科 キョクトウトカゲモドキ属】

Bawangling Leopard Gecko

入手しやすさ	★★★☆☆	飼育しやすさ	★★★★★

上の「ハイナントカゲモドキ」の近縁種で、本種は海南島のなかでも一部の森林にだけ分布しています。「ハイナントカゲモドキ」にくらべると、本種は体色の全体的な色味が薄く、明るい色味をしています。

全　　　長	13〜16cm	平均寿命	8〜12年
分布エリア	中国海南省（海南島の覇王嶺国家級保護区）		
分布環境	湿度がやや高めの気候の洞窟や森林		
生活エリア	地表棲	活動時間	夜行性
環境温度	23〜27℃		
食性（エサ）	動物食性（コオロギなどの昆虫）		

012 ソメワケササクレヤモリ【ヤモリ科ササクレヤモリ属】

Ocelot Gecko

入手しやすさ	★★★★☆	飼育しやすさ	★★★★★

　アフリカ大陸の南東部に位置するマダガスカルの固有種。体色や模様のバリエーションが多く、一つのケージで多頭飼育することが可能。比較的、リーズナブルな価格帯で流通していて、体は丈夫とされています。

全　　　長	14〜16cm	平均寿命	8〜10年
分布エリア	マダガスカル		
分布環境	乾燥気味の気候の草原や森林		
生活エリア	地表棲	活動時間	夜行性
環境温度	25〜27℃		
食性(エサ)	動物食性(コオロギなどの昆虫)		

013 ヘルメットゲッコー【ユビワレヤモリ科カベヤモリ属】

Helmet Gecko

入手しやすさ	★★★☆☆	飼育しやすさ	★★★★★

　イノシシの幼体の「ウリ坊」に似ていて「ウリボーゲッコー」と呼ばれることも。夜行性で自然環境下では日中は地面に穴を掘り、そのなかに潜んでいます。そのため床材は厚めに敷いたほうがよいでしょう。

全　　　長	10〜15cm	平均寿命	5〜10年
分布エリア	モロッコなどの北西アフリカ		
分布環境	乾燥気味の気候の岩場がある砂漠		
生活エリア	地表棲	活動時間	夜行性
環境温度	25〜30℃		
食性(エサ)	動物食性(コオロギなどの昆虫)		

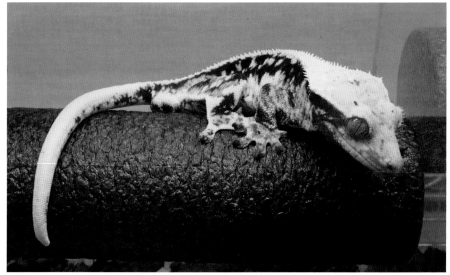

●リリーホワイト（ダーク）

目の上にまつ毛のような突起があるのが大きな特徴の一つ

014 クレステッドゲッコー【イシヤモリ科ミカドヤモリ属】
Crested Gecko

入手しやすさ	★★★★★	飼育しやすさ	★★★★★

全　　長	15〜20cm	平均寿命	15〜20年
分布エリア	ニューカレドニア		
分布環境	亜熱帯気候の森林		
生活エリア	樹上棲	活動時間	夜行性
環境温度	23〜27℃		
食性（エサ）	動物食性の強い雑食性（昆虫や果物、人工飼料など）		

正面から見ると、かわいらしい顔をしている

■特徴
　別名は「オウカンミカドヤモリ」。「ヒョウモントカゲモドキ」（14ページ）と同様に世界中で人気が高いヤモリの代表的な種です。目の上や頭の縁に突起があり、個性的な外見をしています。

■飼育のポイント
　尾は自切することが多々あり、その場合は再生しないので生体の扱いに注意が必要です（自切しても健康上の問題はありません）。また、エサについては、水に溶かすタイプの市販の人工飼料が一般的で、昆虫ではコオロギなどもよく食べます。1日2回ほど霧吹きをして湿度を保ちつつ、通気性を確保することが大切です。

クレステッドゲッコーのモルフ

●リリーホワイト（クリームシクル）

●リリーホワイト（レッド）

●ファントムリリー

●バイカラーレッド

●ハーレクイン（ダーク）

> ## MEMO
> ### 「天国にいちばん近い島」に分布
>
> 　オーストラリアの東に位置するニューカレドニアは青い海と白い砂浜が美しく、「天国にいちばん近い島」や「南国の楽園」と称されることもあります。そのニューカレドニアには、そこにしか分布していない種が多数います。「クレステッドゲッコー」以外では、「ガーゴイルゲッコー」（34ページ）や「ジャイアントゲッコー」（36ページ）もニューカレドニアの固有種です。

●レッドストライプ

015 ガーゴイルゲッコー【イシヤモリ科ミカドヤモリ属】
Gargoyle Gecko

入手しやすさ	★★★★☆	飼育しやすさ	★★★★★

全　　長	20〜25cm	平均寿命	8〜10年
分布エリア	ニューカレドニア		
分布環境	亜熱帯気候の森林		
生活エリア	樹上棲	活動時間	夜行性
環境温度	25〜27℃		
食性(エサ)	動物食性の強い雑食性(昆虫や果物、人工飼料など)		

尾は全長のおよそ半分を占める長さである

■特徴
　別名を「ツノミカドヤモリ」といいます。頭の両サイドに一対のコブがあり、それがまるで角のように見えます。その姿がヨーロッパの寺院などで見られる彫刻・ガーゴイルに似ているのが種名の由来です。

■飼育のポイント
　比較的、高温にも強く、飼育環境への順応性が高いとされています。そのため、共通点が多く、より一般家庭での飼育数が多い「クレステッドゲッコー」(32ページ)より飼育しやすい種といえます。夜行性ですが、弱めの紫外線ライトを設置するとより健康に飼育できます。

ガーゴイルゲッコーのモルフ

●ストライプ

●スーパーレッド

生まれたてのベビー

MEMO

夜行性だけど紫外線ライトをつけよう

　「ガーゴイルゲッコー」は「クレステッドゲッコー」などにくらべると「くる病」（骨代謝不全）という病気になりやすい傾向があります。そのため、弱めの紫外線ライトをつけて飼育すると健康に育ちます。ちなみに自然環境下では、実際に日当たりのよい場所で日光浴をする個体も目撃されているようです。

●グランテラ マウントコギス

●グランテラ マウントコギス(メラニスティック)

016 ジャイアントゲッコー【イシヤモリ科ミカドヤモリ属】
New Caledonian Giant Gecko

| 入手しやすさ | ★★★★☆ | 飼育しやすさ | ★★★★★ |

全　　　長	25〜40cm	平均寿命	20〜30年
分布エリア	ニューカレドニア		
分布環境	亜熱帯気候の森林		
生活エリア	樹上棲	活動時間	夜行性
環境温度	23〜27℃		
食性(エサ)	動物食性の強い雑食性(昆虫や果物、人工飼料など)		

　正式名称は「ニューカレドニアジャイアントゲッコー」で、国内では「ツギオミカドヤモリ」とも呼ばれます。名前が示すように大型のヤモリの仲間で、大きい個体は全長が40cmを超えることもあります。

017 トッケイヤモリ【ヤモリ科ヤモリ属】
Tokay Gecko

| 入手しやすさ | ★★★★★ | 飼育しやすさ | ★★★★★ |

全　　　長	25〜35cm	平均寿命	5〜10年
分布エリア	東南アジア、中国、インドなど		
分布環境	森林や民家の近く		
生活エリア	樹上棲	活動時間	夜行性
環境温度	25〜30℃		
食性(エサ)	動物食性(コオロギや人工飼料など)		

　よく省略して「トッケイ」とも呼ばれます。「トッケイ、トッケイ……」と鳴くことが種名の由来。その声は大きく、インドネシアでは「トッケイが7回続けて鳴くと幸運がくる」という言い伝えがあります。

018 ハスオビビロードヤモリ【イシヤモリ科ビロードヤモリ属】
Northern Velvet Gecko

入手しやすさ	★★★☆☆	飼育しやすさ	★★★★★

ビロード（滑らかで光沢のある織物／ベルベットと同義）のような滑らかな皮膚（ウロコ）をしています。ケージは高さがあるものを用意し、ケージ内は生体が立体的に動けるようにレイアウトするのが基本です。

全　　　　長	15〜20cm	平均寿命	5〜10年
分布エリア	オーストラリア		
分布環境	乾燥気味の気候の森林		
生活エリア	樹上棲	活動時間	夜行性
環境温度	25〜28℃		
食性（エサ）	動物食性（コオロギや人工飼料など）		

全　　　　長	20〜30cm	平均寿命	10〜15年
分布エリア	マダガスカル		
分布環境	熱帯気候の森林		
生活エリア	樹上棲	活動時間	昼行性
環境温度	25〜30℃		
食性（エサ）	動物食性の強い雑食性（昆虫や果物、人工飼料など）		

マダガスカルの固有種でヒルヤモリ属のなかではもっとも大きい種です。全長が30cmになる個体もいます。ちなみにヒルヤモリの仲間のほとんどはマダガスカルに生息しています。本種は体色は鮮やかな緑色をしていて、美しい爬虫類とされています。外見は鼻先から目にかけて赤系のラインが入るのが特徴です。名前が示すように昼行性で、ケージには紫外線ライトを設置します。

019 グランディスヒルヤモリ【ヤモリ科ヒルヤモリ属】
Madagascar Giant Day Gecko

入手しやすさ	★★★★☆	飼育しやすさ	★★★★★

薄く平たい尾が大きな特徴。尾を自切することもある

体色には個体差があり、全体的に色味が明るい個体もいる

020 スベヒタイヘラオヤモリ【ヤモリ科ヘラオヤモリ属】
Henkel's Leaf-tailed Gecko

入手しやすさ	★★☆☆☆	飼育しやすさ	★★☆☆☆

全　　長	20〜30cm	平均寿命	10〜15年
分布エリア	マダガスカル		
分布環境	熱帯気候の森林		
生活エリア	樹上棲	活動時間	夜行性
環境温度	23〜27℃		
食性(エサ)	動物食性(コオロギなどの昆虫)		

MEMO
尾は擬態用
　本種を含め、ヘラオヤモリ属の仲間の特徴的な尾や体の側面にあるひだは樹皮にいる際に輪郭を目立たなくする働きがあるとされています。

■特徴
　本種を含め、ヘラオヤモリ属の仲間の尾は薄く平たいヘラのようなかたちをしています。「スベヒタイヘラオヤモリ」の「スベヒタイ」は人間でいうところの額(ひたい)の部分が滑らかなことに由来するようです。また、アゴには苔(こけ)のような襞(ひだ)があるのも特徴です。

■飼育のポイント
　樹上棲の爬虫類なので、生体が立体的な活動をできるようにケージは高さがあるものを選ぶのが基本です。また、一定の湿度を維持しながらも通気性をよくすることも大切です。

擬態がうまく、樹木などを設置したケージ内で見つける楽しみもある

021 エダハヘラオヤモリ【ヤモリ科ヘラオヤモリ属】
Satanic Leaf Tailed Gecko

入手しやすさ	★★☆☆☆	飼育しやすさ	★★★☆☆

本種を含め、ヘラオヤモリ属の仲間はマダガスカルの固有種です。本種は枯葉のような形態の尾をしています。また、体色は色味の明暗の違いなど、個体差が大きいのも本種の特徴です。

全　　　長	7〜10cm	平 均 寿 命	10〜15年
分布エリア	マダガスカル		
分布環境	熱帯気候の森林		
生活エリア	樹上棲	活 動 時 間	夜行性
環境温度	22〜25℃		
食性(エサ)	動物食性(コオロギなどの昆虫)		

頭から飛び出すような大きな目が特徴で、その個性的な見た目が人気の理由の一つである

022 フリンジヘラオヤモリ【ヤモリ科ヘラオヤモリ属】
Common Leaf Tailed Gecko

入手しやすさ	★★☆☆☆	飼育しやすさ	★★☆☆☆

ヘラオヤモリ属に分類されるなかでは、かなり大型の種です。国内の市場の流通量は少なく、流通しているのはほとんどがマダガスカルで採取された野生の個体です。

全　　　長	25〜30cm	平 均 寿 命	10〜15年
分布エリア	マダガスカル		
分布環境	熱帯気候の森林		
生活エリア	樹上棲	活 動 時 間	夜行性
環境温度	23〜27℃		
食性(エサ)	動物食性(コオロギなどの昆虫)		

023 ボルネオキャットゲッコー 【トカゲモドキ科 オマキトカゲモドキ属】
Borneo Cat Gecko

入手しやすさ	★★☆☆☆	飼育しやすさ	★★★★☆

「キャットゲッコー」という名前は尾を上げてくねくね動かす様子がネコに似ていることに由来するとされています。本種の特徴は背中の白系のラインと、緑系（オリーブ色）の目です。

全　　　長	12～15cm	平均寿命	5～10年
分布エリア	インドネシア		
分布環境	熱帯気候の森林		
生活エリア	半樹上棲	活動時間	夜行性
環境温度	24～27℃		
食性(エサ)	動物食性(コオロギなどの昆虫)		

尾は枝に巻き付けて移動の支点することも可能

024 マレーキャットゲッコー 【トカゲモドキ科 オマキトカゲモドキ属】
Malaysian Cat Gecko

入手しやすさ	★★★☆☆	飼育しやすさ	★★★★☆

上の「ボルネオキャットゲッコー」の近縁種で、マレー半島に分布しています。「ボルネオキャットゲッコー」との違いの一つは目の色で、本種は黒です。国内の飼育頭数は、本種のほうが多いとされています。

全　　　長	8～10cm	平均寿命	5～10年
分布エリア	マレーシアなど		
分布環境	熱帯気候の森林		
生活エリア	半樹上棲	活動時間	夜行性
環境温度	24～27℃		
食性(エサ)	動物食性(コオロギなどの昆虫)		

025 ニホンヤモリ【ヤモリ科ヤモリ属】
Japanese Gecko

| 入手しやすさ | ★★★★★ | 飼育しやすさ | ★★★★★ | 国内 |

一部を除いた国内に広く分布し、民家でも見かける身近な種。漢字では「家守」と表記され、縁起がよいとされています。最近の研究では約3千年前に中国から渡ってきた外来種であることが報告されています。

全　　長	10〜14cm	平均寿命	5〜10年
分布エリア	日本などの東アジア		
分布環境	温暖な気候の森林や民家の近く		
生活エリア	樹上棲	活動時間	夜行性
環境温度	18〜30℃		
食性(エサ)	動物食性(コオロギや人工飼料など)		

026 オガサワラヤモリ【ヤモリ科オガサワラヤモリ属】
Mourning Gecko

| 入手しやすさ | ★★★★☆ | 飼育しやすさ | ★★★★★ | 国内 |

国内では小笠原諸島の他に沖縄諸島、海外では太平洋やインド洋の島や沿岸地域に広く分布します。大きな特徴は性別・繁殖方法で、国内に生息する個体群は基本的にはメスばかりで単為生殖で子孫を残します。

全　　長	7〜8cm	平均寿命	8〜10年
分布エリア	日本、インド、コロンビアなど		
分布環境	多湿な気候の森林など		
生活エリア	樹上棲	活動時間	夜行性
環境温度	20〜28℃		
食性(エサ)	動物食性(小さいサイズのコオロギなど)		

モルフが豊富な超人気種は
初心者でもブリードが可能

ヒョウモントカゲモドキは一般家庭で飼育されている爬虫類のなかでもっとも人気が高い種です。小さめのケージで飼育することができ、自宅でブリード（繁殖）することも可能です。

ナビゲーター／RAFちゃんねる 有馬（本書監修者）

ヒョウモントカゲモドキの魅力

瞼があり、表情が豊か

　ヒョウモントカゲモドキはモルフが豊富で、個体によって体色や模様、目の色やサイズなど、いろいろな違いがあります。また、ヤモリの仲間には珍しく瞼（まぶた）があり、表情が豊かです。さらに、丈夫で飼育しやすく、ハンドリングを楽しめるなど、たくさんの魅力があります。

基本的な飼育方法とポイント

シェルターを設置する

　ヒョウモントカゲモドキは他の爬虫類と比較すると小さめのケージで飼育することができます。また、夜行性で自然環境下では岩陰や巣穴などに隠れています。その環境を再現するためにケージ内にはシェルターを設置します。ケージ内の温度は27〜31℃で、似た環境で飼育できるニシアフリカトカゲの場合は28〜32℃です。

人工飼料を食べる個体もいる

　代表的なエサはコオロギで、なかでも市販の冷凍コオロギは管理がラクなのでおすすめです（ただし、生きたコオロギしか食べない個体もいます）。エサあげの頻度や量については、エサのサイズにもよりますが、幼体なら2日に1回で1〜2匹程度、成体なら3日に1回2〜3匹程度です。また、人工飼料もいろいろな種類が発売されているので、ショップのスタッフに確認して、人工飼料を食べることがわかっている個体をお迎えするという選択肢もあります。

【飼育に必要なものの一例】
- ケージ／幅約20×奥行約30×高さ約15.5cm
- 床材／デザートソイル（天然の土を固めた粒）
- 飼育用品／水入れ、シェルター、温度＆湿度計、保温用のパネルヒーター

温度を保つためのパネルヒーターはシェルターの真下を避けてケージの下に設置する

対談 【レオパの尋屋 × RAFちゃんねる】
ブリードにもチャレンジしよう

ブリード（繁殖）もヒョウモントカゲモドキの飼育の楽しみの一つです。
そこで、大分県でヒョウモントカゲモドキをブリードしている『レオパの尋屋』の尋平さんに、
その魅力と方法を伺いました。

ブリードもヒョウモントカゲモドキの飼育の魅力の一つ

—ブリードの魅力はなんでしょうか？

尋平　私は7～8年前、ヒョウモントカゲモドキを飼いはじめた翌年からブリードをスタートしました。でも、ブリードはヒョウモントカゲモドキを飼う前から考えていて、小学3年生ぐらいのときから「将来はやろう」と思っていました。小学生の頃は両親にヒョウモントカゲモドキを買ってもらえず、当時はカナヘビやクサガメなどを繁殖させていました。大人になってからヒョウモントカゲモドキ好きの気持ちが爆発して、今では毎年、平均して300匹ぐらいの子たちが生まれています。ブリードをすると、自宅で新たな命が生まれる瞬間を見られることがありますし、モルフが豊富なヒョウモントカゲモドキは親とはまったく異なる体色や模様の子が生まれる可能性があります。やはり、とても楽しいです。

ブリードは初心者でも可能だが、突き詰めると奥が深い

—飼育の初心者でもブリードは可能でしょうか？

尋平　可能です。こういっては語弊があるかもしれませんが、ブリードをするだけなら簡単です。ただ、モルフの組み合わせ、孵化率、繁殖の継続性など、突き詰めていくと難しくなっていくという感じです。本当に奥が深い世界です。

ヒョウモントカゲモドキのベビー

—ブリードのコツは？

尋平　なにより大切なのは親となる生体の健康を害さないことです。ですので、メスはしっかりと1年以上育て上げて、十分に成長してからペアリングします。あとは、卵を管理する孵卵床について、基本は湿度を維持するために湿らせることなのですが、あまりに度がすぎると、反対に孵化率が低下するので、水分は少なめがよいと思います。

—ブリードについては低めの温度で生体を管理する「クーリング」が必要といわれています。

尋平　クーリングは飼い主の都合で個体ごとの発情タイミングを合わせたり、繁殖時期を飼育者が決められるというメリットがありますが、必ずしも必要というわけではありません。

—最後にこれから飼育を検討している方へのコメントをお願いします。

尋平　ヒョウモントカゲモドキを飼育したいと思っている方はぜひ飼いましょう！　頑強な生き物です。生き物は個性があり、飼ってみないとわからないこともあります。「まずは飼ってみる」という発想も悪くはないと思います。

レオパの尋屋／尋平（写真右）
大分県中津市にある『レオパの尋屋』のオーナー。レオパ（ヒョウモントカゲモドキ）を中心に爬虫類の繁殖、販売をしている。最近では、オバケトカゲモドキ（26ページ）やカミンギーモニター（64ページ）など、その他の爬虫類のブリードにも力を入れている。

第2章

爬虫類

トカゲ

▲アオキノボリアリゲータートカゲ→63ページ

爬虫類の科のなかでもっとも種の数が多いのがトカゲ科です。
その数の多さに比例するように種ごとの個性もさまざまですが、
ヤモリやカエルなどの他の爬虫類・両生類にくらべるとサイズは大きく、
恐竜のような姿をしていてかっこいい種が多く存在します。

本章の掲載種

▲ニホントカゲ→56ページ

●オレンジハイポトランス

027 フトアゴヒゲトカゲ【アガマ科アゴヒゲトカゲ属】
Central Bearded Dragon

入手しやすさ	★★★★★	飼育しやすさ	★★★★★

全　　　長	40～50cm	平均寿命	5～10年
分布エリア	オーストラリア		
分布環境	乾燥気味の気候の森林、低木地、砂漠		
生活エリア	地表棲	活動時間	昼行性
環境温度	25～30℃（ホットスポット35～40℃前後）		
食性（エサ）	雑食性（昆虫や野菜など）		

体色同様、顔にも個性があ

■特徴
　オーストラリアの固有種で中東部の内陸に分布しています。国内で流通しているのは人の手でブリードされた個体で、モルフはとても豊富です。またアクションによって同種間で意思疎通をすることが広く知られていて、水泳のクロールのように腕を回す「アームウェービング」や頭を上下に振る「ボビング」など、いろいろな動きをします。

■飼育のポイント
　成体のケージは幅が90cm以上のサイズを。エサはベビー～成長期は昆虫をメインにしつつたまに野菜を、成体になってからは反対に野菜がメインでたまに昆虫を与えます。

フトアゴヒゲトカゲのモルフ

●ハイポイエロー

●ハイポゼロ

●ダークレット

●ダークレッド（ハイクオリティー）

種名は「ゲイリートゲオアガマ」。本種はトゲオアガマのなかでも人気が高い種で、市場にも多く流通している。この種のなかでも体色に個体差があり、ベースとなる体色は赤系か黄系である

028 トゲオアガマ 【アガマ科トゲオアガマ属】
Spiny-tailed Lizards

入手しやすさ	★★★★☆	飼育しやすさ	★★★★★

全　長	30〜70cm	平均寿命	10〜20年
分布エリア	イランなどの中東		
分布環境	乾燥気味の気候の岩場や低木が混じる草原		
生活エリア	地表棲	活動時間	昼行性
環境温度	27〜32℃（ホットスポット45〜50℃前後）		
食性（エサ）	草食性傾向が強い雑食性（コオロギや野菜など）		

尾のトゲは外敵から身を守る働きがあるとされている

■特徴
　厳密には「トゲオアガマ」は属名で、アガマ科トゲオアガマ属に分類される種の総称です。なかでも「ゲイリートゲオアガマ」などが国内の飼育頭数が多い種です。特徴の一つは名前が示すように尾にトゲがあること。サイズは種によって異なりますが、基本的には中〜大型で、なかには最大で全長が75cmにもなるものもいます。

■飼育のポイント
　食性は雑食性で草食性が強いとされています（なかには野菜のみで育てる飼育者もいるようです）。性格はおとなしく、爬虫類・両生類の初心者にも向いています。

トゲオアガマ属の種

●オビトゲオアガマ（オレンジバンデッド）　　　●サバクトゲオアガマ（オールド）

●フィルビートゲオアガマ

●オルナータトゲオアガマ

●クジャクトゲオ
アガマ

MEMO

夜は巣穴で休む

　トゲオアガマは岩場や低木が混じる草原などに生息する地表棲かつ昼行性のトカゲです。自然環境下では巣穴を掘る性質があり、夜はそこで休んでいます。日中も身の危険を感じたときには、その巣穴に逃げ込むことがあるようです。ただ、「サンドフィッシュスキンク」（58ページ）のように日常の多くを地中で過ごす地中性ではないこともあり、必ずしも床材に穴を掘れるような砂状のものを選ぶ必要はありません。管理のしやすさや、生体の活動のしやすさを考慮して、ケージの底に人工芝を敷く飼育者もいます。

●ノーマル

029 キタアオジタトカゲ【トカゲ科アオジタトカゲ属】
Northern Blue-tongued Skink

| 入手しやすさ | ★★★★☆ | 飼育しやすさ | ★★★★★ |

全　　長	40〜60cm	平均寿命	10〜15年
分布エリア	オーストラリア		
分布環境	熱帯性の気候の森林や草原など		
生活エリア	地表棲	活動時間	昼行性
環境温度	23〜28℃（ホットスポット35℃前後）		
食性（エサ）	雑食性（コオロギや野菜、人工飼料など）		

■特徴

　本種を含め、アオジタトカゲの仲間は自宅で飼育できる中〜大型の爬虫類として人気を集めています。その特徴の一つは舌が青色であること。この舌は外敵に襲われた際の威嚇に使用するとされています。フォルムは頭から尾までが太い、いわゆる「寸胴体型」で、四肢や尾は他の種にくらべると短めです。多くの亜種がいますが、本種は目の後ろの黒いラインが薄いのが特徴の一つです。

■飼育のポイント

　雑食性で犬用の缶詰（ササミ＆レバーミンチなど）を食べる個体もいて、飼育しやすい種とされています。

正面から見た顔もかわいい

キタアオジタトカゲの体色・模様

○ノーマル

キタアオジタトカゲには体色や模様は個体差があり、濃い色味のものもいる

○パターンレス

体や尾に縞模様がない個体

○ノーマル（上の写真とは別個体）

黒のラインが濃い個体

○Hetパターンレス

遺伝子の関係で模様が薄くなっている個体

> **MEMO**
>
> ### まるでツチノコ
>
> 　キタアオジタトカゲを含めて、アオジタトカゲの仲間は「太い胴に短い手足」というフォルムをしています。その独特なフォルムは「まるでツチノコのよう」と表現されることがあります。「ツチノコ」は日本に生息するといわれている幻の生物で、一般的には胴がとても太いヘビと形容されます。アオジタトカゲの個体をツチノコと見間違えたSNSの投稿が話題になったこともあります。

さまざまな体色のものがいる。こちらは「イエロー」と呼ばれる黄色系の個体

「キメラブラック」と呼ばれる黒系の体色の個体もいる

030 キメラアオジタトカゲ【トカゲ科アオジタトカゲ属】
Tanimbar Island Blue-Tongued Skink

入手しやすさ	★★★☆☆	飼育しやすさ	★★★★★

全　長	40〜50cm	平均寿命	10〜15年
分布エリア	インドネシア		
分布環境	暖かくて乾燥した気候の草原		
生活エリア	地表棲	活動時間	昼行性
環境温度	25〜28℃（ホットスポット35℃前後）		
食性（エサ）	雑食性（コオロギや冷凍マウス、野菜など）		

かわいい顔だが気性は荒い個体が多い

■特徴

　アオジタトカゲ属に分類される種で、青い舌をしています。オーストラリアに分布するヒガシアオジタトカゲ（53ページ）の亜種で、本種はインドネシアに分布しています。そのため市場には野生個体が流通しています（オーストラリアの野生動物は輸出が禁止されています）。なお、アオジタトカゲの仲間は親が体内で卵を孵化させる「卵胎生」です。

■飼育のポイント

　オーストラリアに分布するアオジタトカゲ属の種にくらべると、やや湿度が高い環境を好むといわれています。

右の写真は上の写真の個体とは別の個体。ベースの色が白に近い色味である。このように体色に個体差がある

031 ヒガシアオジタトカゲ【トカゲ科アオジタトカゲ属】
Eastern Blue-Tongued Skink

入手しやすさ	★★☆☆☆	飼育しやすさ	★★★★★

全　　　長	40〜60cm	平均寿命	10〜15年
分布エリア	オーストラリア		
分布環境	亜熱帯〜熱帯気候の森林や草原		
生活エリア	地表性	活動時間	昼行性
環境温度	23〜28℃（ホットスポット35℃前後）		
食性（エサ）	雑食性（コオロギや野菜、人工飼料など）		

　オーストラリア東部の草原や森林に分布しているアオジタトカゲ属の種です。体色は灰色または茶色系のベースに黒や濃い茶の帯模様があり、これは周りの景色に紛れる保護色だと考えられています。

MEMO

ニシアオジタトカゲもいる

　アオジタトカゲ属にはいろいろな種がいて、「ニシアオジタトカゲ」もいます。こちらは「ヒガシアオジタトカゲ」よりも西側、オーストラリアの中部・南西部に分布しています。

032 ハルマヘラアオジタトカゲ 【トカゲ科 アオジタトカゲ属】
Indonesian Blue-tongued Skink

入手しやすさ	★★★★★	飼育しやすさ	★★★★★

インドネシアのハルマヘラ島に分布する、インドネシアの固有種。体色＆模様は明るい茶色系のベースに黒系の縞が入ります。市場の流通量が多くて購入しやすく、飼育もしやすい種です。

全　　長	40〜50cm	平均寿命	10〜15年
分布エリア	インドネシア		
分布環境	高温多湿な気候の平地や草原		
生活エリア	地表棲	活動時間	昼行性
環境温度	25〜28℃（ホットスポット35℃前後）		
食性（エサ）	雑食性（コオロギや野菜など）		

033 ハルマヘラアオジタトカゲ アザンティック 【トカゲ科 アオジタトカゲ属】
Indonesian Blue-tongued Skink-Axanthic

入手しやすさ	★★★★★	飼育しやすさ	★★★★★

「アザンティック」は黄色の色素が欠乏した個体のこと。他の種にも存在しますが、とくに本種の「アザンティック」は白系のベースに黒系の縞のコントラストが美しく、多く流通しています。

全　　長	40〜50cm	平均寿命	10〜15年
分布エリア	インドネシアなど		
分布環境	高温多湿な気候の平地や草原		
生活エリア	地表棲	活動時間	昼行性
環境温度	25〜28℃（ホットスポット35℃前後）		
食性（エサ）	雑食性（コオロギや野菜など）		

034 メラウケアオジタトカゲ【トカゲ科アオジタトカゲ属】
Merauke Blue-tongued Skink

入手しやすさ	★★★★☆	飼育しやすさ	★★★★★

別名は「インドネシアアオジタトカゲ」。アオジタトカゲ属の仲間で、そのなかでは最大種ともいわれるほど、大きく成長します。高い湿度の環境が適していて、ケージ内の湿度は50〜60％ぐらいが目安です。

全　　　長	50〜70cm	平均寿命	10〜15年
分布エリア	インドネシア、パプアニューギニア		
分布環境	高温多湿な気候の平地や草原		
生活エリア	地表棲	活動時間	昼行性
環境温度	25〜28℃（ホットスポット35℃前後）		
食性（エサ）	雑食性（コオロギや野菜など）		

035 マダラアオジタトカゲ【トカゲ科アオジタトカゲ属】
Blotched Blue-tongued Skink

入手しやすさ	★★☆☆☆	飼育しやすさ	★★★★☆

体も尾も太くて短いのが特徴。国内での飼育頭数が少なく、高めの価格で流通しています。「ローランド」「アルパイン」「ハイランド」など、いくつかのタイプがいて、タイプにより体色が異なります。

全　　　長	30〜50cm	平均寿命	10〜15年
分布エリア	オーストラリア		
分布環境	比較的冷涼な気候の平地や草原		
生活エリア	地表棲	活動時間	昼行性
環境温度	26〜32℃（ホットスポット35℃前後）		
食性（エサ）	雑食性（コオロギや野菜など）		

「ニホントカゲ」の体表はメタリックな輝きを放つ。左の写真は自然環境下の若い個体で、尾がきれいな青色をしている。上の写真は成体で尾のブルーがなくなり、茶色系の一色となっている。尾は長く、胴の長さの1,5倍ほどの長さがある。ただ、自分の身を守るために尾を自ら切断する「自切」を行う習性があるので、自然環境下では尾が短い個体も少なくない

036 ニホントカゲ【トカゲ科トカゲ属】
Japanese Five-lined Skink

入手しやすさ	★★★★★	飼育しやすさ	★★★★★	国内

全　　長	15〜25cm	平均寿命	5〜7年
分布エリア	日本		
分布環境	温暖な気候の森林、市街地、農地		
生活エリア	地表棲	活動時間	昼行性
環境温度	20〜30℃（ホットスポット35℃前後）		
食性(エサ)	動物食性（コオロギなど）		

MEMO
数は減少傾向

本種は、住宅地でも見かける身近な爬虫類です。ただ、最近は開発による環境の変化などにより、数が減少しているエリアもあります。

■特徴

国内に広く分布する日本の固有種。北海道を含めた東日本に分布しているのは近縁種のヒガシニホントカゲで、本種とは遺伝子情報から別種とされています。ただ、外見や性質はとても似ています。

■飼育のポイント

身近な存在で生体を入手しやすく、健康面は丈夫で飼育しやすいトカゲです。基本的に自然環境下では冬眠しますが、飼育環境下ではケージ内の温度を25℃前後に保って冬眠はさせないのが一般的です。

037 グランカナリアカラカネトカゲ【トカゲ科 カラカネトカゲ属】
Gran Canary Skink

入手しやすさ	★☆☆☆☆	飼育しやすさ	★★★★★

　別名は「ムスジカラカネトカゲ」。アフリカの北西部に位置するグランカナリア島に生息していて、メタリックな青色の尾が特徴です。小型で飼育しやすい種とされていますが、流通量は少なめです。

全　　　長	15〜20cm	平均寿命	10〜15年
分布エリア	スペイン領カナリア諸島のグランカナリア島		
分布環境	乾燥気味の温暖な気候の草原など		
生活エリア	地表棲	活動時間	昼行性
環境温度	20〜30℃（ホットスポット35℃前後）		
食性（エサ）	動物食性の強い雑食性（コオロギなど）		

床材は砂状ではなく粒が小さいものでもよい

038 シロテンカラカネトカゲ【トカゲ科 カラカネトカゲ属】
Ocellated Skink

入手しやすさ	★★★★☆	飼育しやすさ	★★★★★

　「オオアシカラカネトカゲ」とも呼ばれます。光沢のある体色をしています。砂に潜る性質があるので、床材は砂状のものを選び、厚め（目安は5cmぐらい）に敷くのが基本です。

全　　　長	15〜20cm	平均寿命	5〜10年
分布エリア	中東、アフリカ、ヨーロッパ		
分布環境	乾燥気味の気候の平地		
生活エリア	地表棲	活動時間	昼行性
環境温度	25〜30℃（ホットスポット35℃前後）		
食性（エサ）	雑食性（昆虫や野菜、人工飼料など）		

039 シュナイダースキンク【トカゲ科トカゲ属】
Schneider's Skink

| 入手しやすさ | ★★★★☆ | 飼育しやすさ | ★★★★★ |

乾燥気味の気候のエリアに分布する中型のトカゲ。下の「サンドフィッシュスキンク」と同様に地中に潜る性質があります。おおらかな性格で、人をあまり恐れない傾向があります。

全　　　長	25〜40cm	平均寿命	15〜20年
分布エリア	西アジア、北アフリカ		
分布環境	乾燥気味の気候の平地や砂漠		
生活エリア	地表棲	活動時間	昼行性
環境温度	25〜30℃（ホットスポット35℃前後）		
食性（エサ）	雑食性（コオロギや野菜など）		

040 サンドフィッシュスキンク【トカゲ科スナトカゲ属】
Sand Fish Skink

| 入手しやすさ | ★★★★☆ | 飼育しやすさ | ★★★★★ |

略して「サンドフィッシュ」ともよく呼ばれます。サンドは砂（sand）、フィッシュは魚（fish）のことで、砂漠の砂の中を泳ぐように移動します。その生態が個性的で、観察の楽しみが多い種です。

全　　　長	12〜20cm	平均寿命	6〜10年
分布エリア	中東、北アフリカ		
分布環境	乾燥気味の気候の平地や砂漠		
生活エリア	地表棲	活動時間	昼行性
環境温度	26〜30℃（ホットスポット35℃前後）		
食性（エサ）	動物食性（コオロギなど）		

041 ピーターバンディットスキンク【トカゲ科ネコメスキンク属】

Peter's Banded Skink

| 入手しやすさ | ★★★★☆ | 飼育しやすさ | ★★★★★ |

体色の黄色と黒の組み合わせが、まるで肉食獣の虎のようです。夜行性で日中の多くは地中に潜っています。温厚な性格の個体が多いのも魅力で、人気が高い種です。基本的に流通しているのは野生の個体です。

全　　　長	20〜25cm	平均寿命	10〜15年
分布エリア	西アフリカ		
分布環境	高温多湿な気候の荒地		
生活エリア	地表棲	活動時間	夜行性
環境温度	24〜30℃		
食性（エサ）	雑食性（昆虫や野菜など）		

042 オニプレートトカゲ【カタトカゲ科ブロードリーサウルス属】

Sudan Plated Lizard

| 入手しやすさ | ★★★★☆ | 飼育しやすさ | ★★★★★ |

「ブロードリーサウルス（Broadleysaurus）」という属で、この属は本種のみで構成されています。特徴はプレートのような四角いウロコが並んでること。恐竜のような見た目とは裏腹におとなしい性格です。

全　　　長	35〜45cm	平均寿命	8〜12年
分布エリア	アフリカ大陸の東部、中央部		
分布環境	乾燥気味の気候の森林、低木地、砂漠		
生活エリア	地表棲	活動時間	昼行性
環境温度	25〜30℃（ホットスポット35℃前後）		
食性（エサ）	雑食性（コオロギなどの昆虫や野菜など）		

043 ニホンカナヘビ【カナヘビ科カナヘビ属】
Japanese Grass Lizard

| 入手しやすさ | ★★★★★ | 飼育しやすさ | ★★★★★ | 国内 |

日本の固有種。国内に広く分布し、自然豊かなところはもちろん、住宅地の庭先でも見かけることがあります。ただし、最近は個体数が減少していて、東京23区では絶滅危惧種となっています。

全　　　長	18〜25cm	平均寿命	5〜10年
分布エリア	日本		
分布環境	国内の草地、市街地の公園		
生活エリア	地表棲	活動時間	昼行性
環境温度	20〜28℃（ホットスポット32℃前後）		
食性（エサ）	動物食性（小さめのコオロギなど）		

044 ミドリガストロカナヘビ【カナヘビ科ガストロフォリス属】
Green Keel-bellied Lizard

| 入手しやすさ | ★★★☆☆ | 飼育しやすさ | ★★★★☆ |

カナヘビの仲間では大型の種で、大きい個体は40cmぐらいのサイズに成長します。体色は鮮やかな緑系です。樹上棲なので生体が立体的な活動をできるようにケージは高さがあるものを選びます。

全　　　長	25〜40cm	平均寿命	8〜12年
分布エリア	ケニア、タンザニア		
分布環境	熱帯気候の森林		
生活エリア	樹上棲	活動時間	昼行性
環境温度	20〜28℃（ホットスポット35℃前後）		
食性（エサ）	動物食性（コオロギや人工飼料など）		

045 ホウセキカナヘビ【カナヘビ科ティモン属】
Ocellated Lizard

入手しやすさ	★★★★☆	飼育しやすさ	★★★★★

全　　長	50〜70cm	平均寿命	10〜20年
分布エリア	スペインやイタリアなどの西ヨーロッパ		
分布環境	乾燥気味の気候の森林、草原、岩場		
生活エリア	地表棲	活動時間	昼行性
環境温度	25〜30℃（ホットスポット35℃前後）		
食性（エサ）	雑食性（昆虫や野菜、人工飼料など）		

MEMO
カナヘビだけどトカゲ
　カナヘビ科は「ヘビ」という言葉がつきますが、トカゲの仲間です。語源は可愛いらしい蛇の意で「愛蛇（かなへび）」と呼んだという説などがあります。

■特徴
　「ニホンカナヘビ」（60ページ）と同じカナヘビ科に分類される種ですが、ニホンカナヘビよりもかなり大きく、体色は鮮やかです。とくに成体のオスは緑や灰色、黄などのベースに青などの斑紋が並び、とても美しい姿をしています。性格が荒い個体もいて、繁殖期のオス同士は縄張り争いをします。

■飼育のポイント
　国内でブリードされていることもあり、飼育しやすい種とされています。人工飼料を食べる個体も少なくありません。

046 ポーラーカベカナヘビ【カナヘビ科カベカナヘビ属】
Italian Wall Lizard

入手しやすさ	★★★☆☆	飼育しやすさ	★★★★☆

　地中海沿岸に分布する小型のカナヘビ「シクラカベ
カナヘビ」の亜種。鮮やかな青系の体色が美しいトカ
ゲです。繊細な性格の個体が多いので、ストレスを与
えないように要注意。

全　　　長	20〜25cm	平均寿命	5〜10年
分布エリア	イタリア		
分布環境	夏は乾燥する温暖な気候の草地など		
生活エリア	地表棲	活動時間	昼行性
環境温度	25〜30℃（ホットスポット32℃前後）		
食性(エサ)	動物食性が強い雑食性（小さめのコオロギなど）		

047 アカメカブトトカゲ【トカゲ科カブトトカゲ属】
Red-Eyed Bush Crocodile Skink

入手しやすさ	★★★★☆	飼育しやすさ	★★★☆☆

　目の周りが赤系に縁どられていて、顔がかわいいト
カゲです。自然環境下では熱帯雨林の水辺に生息して
いるため、ケージ内には大きめの水入れを設置すると
よいでしょう。

全　　　長	15〜20cm	平均寿命	10〜15年
分布エリア	インドネシア、パプアニューギニア		
分布環境	熱帯雨林		
生活エリア	地表棲	活動時間	夜行性
環境温度	25〜28℃		
食性(エサ)	動物食性（コオロギなどの昆虫）		

048 アオキノボリアリゲータートカゲ【アンギストカゲ科 アブロニア属】

Veracruz Arboreal Alligator Lizard

入手しやすさ	★☆☆☆☆	飼育しやすさ	★★☆☆☆

全　　長	20〜30cm	平均寿命	10〜20年
分布エリア	メキシコ		
分布環境	高地（比較的温暖な気候）の森林		
生活エリア	樹上棲	活動時間	昼行性
環境温度	20〜25℃		
食性（エサ）	動物食性（コオロギなどの昆虫）		

全長は20〜30cmで、手に乗せられるサイズである

■特徴

　アブロニア属（あるいはキノボリアリゲータートカゲ属）に分類され、「アブロニア」という名前でもよく呼ばれます。メキシコの限られた地域に分布するトカゲです。緑系の体色が美しく、日本家屋の屋根の瓦のようなウロコも目をひきます。

■飼育のポイント

　飼育されるようになってからの歴史がまだ浅い種です。樹上棲なので高さがあり、通気性のよいケージを選び、適した温度管理をすることが基本です。また、しっかり水を飲ませることも重要で、朝夕に霧吹きをします。

ベビーは手のひらに乗るサイズ。
ここから、とても大きく成長する
ので、その成長を計算したうえで
飼育をスタートする

049 カミンギーモニター【オオトカゲ科オオトカゲ属】
Cuming's Water Monitor

入手しやすさ	★★★☆☆	飼育しやすさ	★★☆☆☆

フィリピンの固有種で、代表的な分布地はフィリピンのミンダナオ島です。そのため「ミンダナオミズオオトカゲ」と呼ばれることもあります。最大で2メートルを超えることがある、大型のトカゲです。

全　　　長	120〜200cm	平均寿命	10〜15年
分布エリア	フィリピン		
分布環境	熱帯気候の森林		
生活エリア	樹上棲	活動時間	昼行性
環境温度	26〜32℃（ホットスポット35℃前後）		
食性（エサ）	動物食性（冷凍マウスなど）		

全長が250cmにもなる個体もいる
ので飼育前には自分の環境をよく
考える必要がある

050 サルバトールモニター【オオトカゲ科オオトカゲ属】
Common Water Monitor

入手しやすさ	★★★★☆	飼育しやすさ	★★☆☆☆

「ミズオオトカゲ」の名前でも広く知られている大型のトカゲです。泳ぎが得意で自然環境下では魚を食べることもあるとされています。おやつに小さな淡水魚を与える飼育者もいます。

全　　　長	150〜200cm	平均寿命	10〜15年
分布エリア	インドネシアやカンボジアなどの東南アジア等		
分布環境	熱帯気候の森林や湿地帯		
生活エリア	地表棲〜半樹上棲	活動時間	昼行性
環境温度	25〜30℃（ホットスポット40℃前後）		
食性（エサ）	動物食性（冷凍マウスなど）		

051 サバンナモニター【オオトカゲ科オオトカゲ属】
Savannah Monitor

入手しやすさ	★★★★☆	飼育しやすさ	★★★★☆

大きな個体は1メートル以上になります。自然環境下では雨季と乾季がある地域に棲んでいて、食料の少ない乾季のために脂肪をため込む性質があります。そのため肥満に注意が必要です。

全　　長	80〜120cm	平均寿命	5〜10年
分布エリア	アフリカ大陸		
分布環境	乾燥気味の気候の草原、岩場		
生活エリア	地表棲	活動時間	昼行性
環境温度	27〜30℃（ホットスポット40〜45℃前後）		
食性（エサ）	動物食性（コオロギなどの昆虫がメイン）		

052 リッジテールモニター【オオトカゲ科オオトカゲ属】
Ridge-tailed Monitor

入手しやすさ	★★★★☆	飼育しやすさ	★★★★☆

別名は「トゲオオオトカゲ」で、「アキー」と呼ばれることもあります。尾がトゲ状のウロコで覆われていて、それはメスよりもオスのほうが発達します。オオトカゲ属のなかでは小さめの種です。

全　　長	40〜50cm	平均寿命	10〜15年
分布エリア	インドネシア		
分布環境	高温多湿な気候の平地や草原		
生活エリア	地表棲	活動時間	昼行性
環境温度	25〜30℃（ホットスポット35℃前後）		
食性（エサ）	動物食性（コオロギや冷凍マウスなど）		

053 コバルトツリーモニター【オオトカゲ科 オオトカゲ属属】
Cobalt Tree Monitor

入手しやすさ	★★☆☆☆	飼育しやすさ	★★★☆☆

自然環境下ではインドネシアのバタンタ島にだけ生息していて、2000年頃に新種として認められました。青色の体色や斑紋が並ぶ縞模様は他には見られず、とても個性的な種です。

全　　　長	90〜110cm	平均寿命	6〜10年
分布エリア	インドネシア		
分布環境	熱帯気候の森林		
生活エリア	地表棲	活動時間	昼行性
環境温度	25〜30℃（ホットスポット32℃前後）		
食性（エサ）	動物食性（冷凍マウスなど）		

●グリーンイグアナのヤング（若い個体）

054 グリーンイグアナ【イグアナ科イグアナ属】
Green Iguana

入手しやすさ	★★★★☆	飼育しやすさ	★★★☆☆

家庭で飼育されているイグアナの代表的な種。幼体は鮮やかな緑色で、成長するにつれて色が薄くなり、黄味がかった灰色に近い色になります。食性は草食性で、イグアナ用の人工フードも市販されています。

全　　　長	100〜180cm	平均寿命	10〜15年
分布エリア	中央アメリカ、南アメリカ		
分布環境	熱帯雨林		
生活エリア	樹上棲	活動時間	昼行性
環境温度	25〜33℃（ホットスポット35℃前後）		
食性（エサ）	植物食性（コマツナなどの野菜や人工飼料）		

●ブルーテグーのヤング（若い個体）

●レッドテグーのヤング（若い個体）

055 ブルーテグー【テユー科テグー属】
Blue Tegu

入手しやすさ	★★★★☆	飼育しやすさ	★★★☆☆

　厳密には「ブルーテグー」は種名ではなく、「アルゼンチンブラックアンドホワイトテグー(別名「ミナミテグー」)」のなかでも、体色の白の割合が多い個体のことです。

全　　　長	100〜120cm	平均寿命	15〜20年
分布エリア	南米		
分布環境	温帯〜亜熱帯気候の森林(熱帯雨林)など		
生活エリア	地表棲	活動時間	昼行性
環境温度	24〜27℃(ホットスポット35℃前後)		
食性(エサ)	動物食性(冷凍マウスなど)		

056 レッドテグー【テユー科テグー属】
Red Tegu

入手しやすさ	★★★★☆	飼育しやすさ	★★★☆☆

　本種のように種名に「テグー」とつくのは大型のトカゲです。本種は体色が赤味を帯びているのが特徴で、恐竜を彷彿とさせる外見をしています。ずっしりとした格格ですが温厚な個体が多い種です。

全　　　長	100〜120cm	平均寿命	10〜15年
分布エリア	南米		
分布環境	温帯〜亜熱帯気候の森林(熱帯雨林)など		
生活エリア	地表棲	活動時間	昼行性
環境温度	24〜27℃(ホットスポット35℃前後)		
食性(エサ)	動物食性(冷凍マウスなど)		

全　　　長	15〜25cm	平均寿命	10〜15年
分布エリア	南アフリカ共和国		
分布環境	乾燥した気候の岩場		
生活エリア	地表棲	活動時間	昼行性
環境温度	20〜30℃（ホットスポット40℃前後）		
食性（エサ）	動物食性（コオロギなどの昆虫）		

　鎧のようなウロコに覆われていて、哺乳類の「アルマジロ」を連想させる外見をしています。また、外敵から身を守るために自分の尾を口で咥（くわ）えて丸くなる防御姿勢も本種ならではの特徴です。その個性的な姿や生態は多くの爬虫類・両生類ファンを惹きつけていますが、国内ではあまり流通していない珍しい種です。

057 アルマジロトカゲ【ヨロイトカゲ科ウロボロス属】
Armadillo Girdled Lizard

入手しやすさ	★☆☆☆☆	飼育しやすさ	★★★★☆

058 ストケスイワトカゲ【トカゲ科イワトカゲ属】
Gidgee Skink

入手しやすさ	★★☆☆☆	飼育しやすさ	★★★★☆

　オーストラリアの固有種で分布域により４つの亜種にわけられます。自然環境下では岩場に生息しています。丈夫な種とされていて、初心者にも飼育しやすいものの流通している個体は多くありません。

全　　　長	25〜35cm	平均寿命	10〜15年
分布エリア	オーストラリア		
分布環境	乾燥した気候の岩場		
生活エリア	地表棲	活動時間	昼行性
環境温度	20〜30℃（ホットスポット40℃前後）		
食性（エサ）	雑食性（コオロギや野菜など）		

頭にもトゲ状のウロコがある

尾は横幅があり、平たい形状をしている

059 ヒガシピルバラヒメイワトカゲ【トカゲ科 イワトカゲ属】

Pygmy Spiny-tailed Skink

入手しやすさ	★☆☆☆☆	飼育しやすさ	★★★★☆

全　　長	15〜20cm	平均寿命	10〜15年
分布エリア	オーストラリア		
分布環境	乾燥気味の気候の草原、岩場		
生活エリア	地表棲	活動時間	昼行性
環境温度	20〜30℃（ホットスポット40℃前後）		
食性（エサ）	動物食性が強い雑食性（コオロギなど）		

オスとメスのペアがホットスポットで体を温めているところ

■特徴

　種名は「ディプレッサイワトカゲ」で、「ヒガシピルバラヒメイワトカゲ」はそのなかの一部のエリアに生息しているものの呼称です。なお、「ピルバラ」はオーストラリアの地域の呼び名です。全身がトゲ状のウロコで覆われているのが特徴で、よく「外見が美しい」と称されます。人気が高いものの国内の市場での流通量は少なく、入手しにくい種です。

■飼育のポイント

　オーストラリアに分布する他の昼行性のトカゲの仲間と同様に、ケージ内にはバスキングライトと紫外線ライトを設置するのが基本です。

ニホントカゲは飼い主に慣れる個体が多いが ケージ内にはしっかりと隠れ場所を設ける

ニホントカゲは都内の公園で見かけることもある、身近な爬虫類です。国内の自然環境で暮らしているので飼育がしやすく、人に慣れやすいという特長もある、魅力的な種です。

ナビゲーター／RAFちゃんねる 有馬(本書監修者)

ニホントカゲの魅力

飼育しやすく、人に慣れる

　ニホントカゲは国内に広く分布する種です。自分の力で生息しているところを探して、採取し、飼育をスタートすることが可能です。

　もともと日本に棲んでいるので、四季の温度変化に強く、丈夫で飼育しやすい種です。比較的、人間に慣れやすいのも特長で、直接ピンセットからエサを受け取る個体が多く、いろいろな表情を観察できます。

　さらに幼体から成体になるまでの期間はニホントカゲの最大の特徴である「美しい青い尾」を楽しむことができます(完全に生体になると尾は茶色になります)。

飼育環境

バスキングライトと紫外線ライトを設置する

　ニホントカゲの成体の全長は15〜25cmで、ケージは幅が60cm、奥行が45cmぐらいのものを選ぶとスペースに余裕をもって飼育できます（このケージサイズなら複数飼育も可能です）。昼行性なのでバスキングライトと紫外線ライトを設置します。

【飼育に必要なものの一例】
※成体を複数飼育(3匹)の場合
- ケージ／幅約60×奥行約45×高さ約30cm
- 床材／赤玉土
- 飼育用品／水入れ
- ライト類／バスキングライト、紫外線ライト
- レイアウト品／小さめの石のプレート、流木

基本的な飼育方法

給餌は3日に一度

　エサは主としてコオロギです。頻度は3日に一度、1回のエサの量はコオロギだとMサイズを2～3匹が目安です。また、水入れの水は毎日交換するのが基本です。

掃除も定期的に

　排泄物を見つけたらすみやかに処理するなど、ケージ内をできるだけ清潔に保ちます。

生体の水分補給のために水入れは必ず設置する

温度は20～30℃が目安

　温度は海外の熱帯性気候に分布する種ほど神経質になる必要はなく、1年を通して20～30℃で管理します。また湿度については、床材に赤玉土を選ぶ場合は赤玉土が完全に乾燥していたら、霧吹きで湿らせます。

給餌の様子。待ちきれない個体が身を乗り出している

飼育のポイント

隠れ場所を用意する

　生体にできるだけストレスを与えないように身を隠せる場所を設けます。市販のシェルターを使用する他に、レイアウトを工夫するという方法もあります。

ホームセンターで販売している岩のプレートをレイアウトした例。生体は隙間に身を隠せる

オスは1匹で飼育する

　ニホントカゲを一つのケージで複数匹、飼育する場合は「オスは1匹だけ」が原則です。オス同士はケンカをしてしまう可能性があります。なお、オスとメスの見分け方については、オスはメスよりも頭の幅が広く、春の繁殖期になると喉元が赤くなります。

　また、体格差がある個体の組み合わせにも注意が必要で、ケンカによって命を落としてしまう可能性があります。そのため、一つのケージで飼うのは同じぐらいのサイズの個体とします。

　可能な限りたくさんの隠れ家を用意するのもポイントの一つです。

MEMO
採取前に確認を

　国内に分布している爬虫類・両生類は種ごと、地方自治体ごとに採取が禁止されていることがあります。採取をする場合は事前にしっかりと確認しましょう（2023年現在はニホントカゲの採取が禁止されている自治体はありません）。

第3章
爬虫類
ヘビ

▲ボールパイソン→74ページ

四肢がなく、細長いフォルムは唯一無二の生物といってよいでしょう。
ヘビは神話や宗教などにも登場し、神聖な存在として扱われることも少なくありません。
ハンドリングできる個体が多く、表皮は手触りのよい、滑らかな質感です。
また、顔はよく見ると愛嬌がある表情をしています。

本章の掲載種

▲アオダイショウ（アルビノ）→90ページ

▲グリーンパイソン→87ページ

●ノーマル

060 ボールパイソン 【ニシキヘビ科ニシキヘビ属】
Ball Python

| 入手しやすさ | ★★★★★ | 飼育しやすさ | ★★★★★ |

全　　　長	100～150cm	平均寿命	10～15年
分布エリア	アフリカ大陸の西～中央部		
分布環境	温暖な気候の森林、草原、農耕地周辺など		
生活エリア	地表棲	活動時間	夜行性
環境温度	28～32℃（ホットスポット34℃前後）		
食性（エサ）	動物食性（冷凍ラットや冷凍マウスなど）		

かわいらしい表情も人気の理由の一つ

■特徴

　臆病でおとなしい性格をしていて、飼育しやすいヘビ。一般家庭で飼育できるヘビの仲間ではもっともポピュラーな種です。モルフもとても豊富で、いろいろな体色・模様の個体がいます。胴が太い体形で、重量感があります。

■飼育のポイント

　ゆっくりした動きでハンドリングも可能。それが人気の理由にもなっています。成体は最大で150cmぐらいになるため、大きめのケージが必要です。また、薄暗くて狭い場所を好むため、広いケージで飼育する場合はシェルターを設置しましょう。エサは冷凍ラットなどが主流です。

ボールパイソンのモルフ

●ラベンダーアルビノ

●シナモン+ラベンダー

●シナモン+エンチ+スペシャル

●バナナ+シナモン+エンチ+イエローベリー

●ブラックヘッド

●GHI

●GHI+モハベ

●GHI+モハベ+ゴースト

●GHI+グラベル+ゴースト

●GHI+ファイア+モハベ

●スポットノーズ+シュガー

●イエローベリー+スパイダー+シュガー

ボールパイソンのモルフ

●パステル＋エンチ＋オレンジドリ
ーム＋イエローベリー＋シュガー

●バナナ＋スーパーファイア

●エンチ＋クラウン

●パステル＋エンチ＋クラウン

●バナナ＋クラウン

●バナナ＋エンチ＋クラウン

●シナモン＋クラウン

●シナモン＋スポットノーズ＋ファイア＋クラウン

●ブレード＋クラウン

●イエローベリー＋クラウン＋
possレース

●オレンジドリーム＋イエローベリー＋クラウン

●パステル＋チョコレート＋クラウン

ボールパイソンのモルフ

●ファイア+イエローベリー+レッドストライプ+クラウン

●スポットノーズ+クラウン

●パステル+シナモン+スポットノーズ+クラウン

●イエローベリー+スポットノーズ+レオパード+クラウン

●ブラックヘッド+ブラックパステル+イエローベリー+レオパード+クラウン

●ブラックヘッド+レッドストライプ+レオパード

●ブラックヘッド+ファントム+ファイア+イエローベリー+クラウン

●デザートゴースト+クラウン

●ハリケーン+クラウン+possイエローベリー

●ファイア+シナモン+パステル

●パイボール

●バナナ+パイボール

第3章 爬虫類【ヘビ】

77

ボールパイソンのモルフ

●ラベンダー＋パイボール

●オレンジドリーム＋イエローベリー＋パイボール

●VPIアザンティック＋パイボール

●ブラックヘッド＋レッドストライプ＋レオパード＋ファントム＋クラウン

●パステル＋モハベ＋イエローベリー＋レオパード

●ブラックヘッド＋ファントム＋レオパード

●スーパーオレンジドリーム＋レオパード

●スーパーパステル＋レオパード

●バナナ＋エンチ＋レオパード

●パステル＋スポットノーズ＋レッサー＋レオパード

●スパイダー＋パステル＋レオパード＋パズル

●ファイア＋イエローベリー＋コンフュージョン

ボールパイソンのモルフ

●パステル＋スポットノーズ＋レオパード＋コンフュージョン

●パステル＋レオパード＋hetクラウン＋hetクリプティック

●ファイア＋イエローベリー＋VPIアザンティック

●GHI＋モハベ＋VPIアザンティック

●TSKアザンティック＋デザートゴースト

●パステル＋TSKアザンティック＋デザートゴースト

●パステル＋モハベ＋レオパード＋デザートゴースト

●パステル＋GHI＋デザートゴースト

●フルスケールレス

MEMO

初心者にも向いている

　愛玩動物としてのヘビには犬や猫とくらべると、「鳴かない」「散歩の必要がない」「臭いの心配が少ない」などの特長があり、なかでもボールパイソンは飼育頭数が多いので、「飼育方法がしっかりと確立されている」「他のボールパイソンの飼育者と交流ができる」などのメリットもあります。サイズが大きくなるものの、ヘビをはじめて飼育する人にも向いている種です。

ボールパイソンは身の危険を感じるとボールのように丸くなる性質がある

●ブリザード

本種はいろいろな体色・模様の個
体がいて、それによって価格が大
きく異なる

●サーモンスノー

061 コーンスネーク【ナミヘビ科ナメラ属】
Corn Snake

入手しやすさ	★★★★★	飼育しやすさ	★★★★★

全　　長	100〜150cm	平均寿命	10〜15年
分布エリア	アメリカの東南部、メキシコ		
分布環境	温暖な気候の森林、草原、農耕地周辺など		
生活エリア	地表棲〜半樹上棲	活動時間	夜行性
環境温度	25〜30℃		
食性（エサ）	動物食性（冷凍ラットや冷凍マウスなど）		

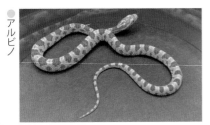
●アルビノ

■特徴

　国内でとても多く飼育されているポピュラーな種で、市場に多く流通しています。名前は自然環境下の個体の模様が「インディアンコーン」というトウモロコシの模様に似ていることに由来するとされています。

■飼育のポイント

　比較的、飼育がしやすいヘビとして人気があります。全長は1メートル以上と大きくなりますが、太さはそこまで太くなく、幅45〜60cmほどのケージで飼育可能です。ケージ内に流木などをレイアウトをすると立体的な活動を観察できるでしょう。

コーンスネークのモルフ

●キャラメル

●リバースオケッティ

●パルメット

●アメラニスケールレス

「パルメット」はウロコの一部が部分的に赤く染まる美しいモルフである

●ハイポアメラニモトレー

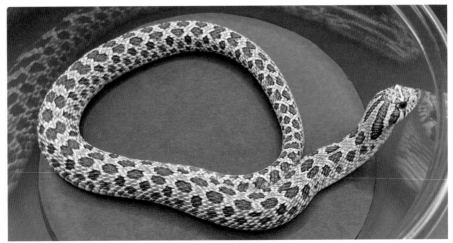

個体によって色味が異なる。こちらは赤味が強い個体

黄色味を帯びた個体

062 セイブシシバナヘビ【マイマイヘビ科シシバナヘビ属】
Western Hognose Snake

入手しやすさ	★★★★★	飼育しやすさ	★★★★★

全 長	40〜60cm	平均寿命	10〜15年
分布エリア	北アメリカ大陸		
分布環境	やや寒冷〜温暖な気候の草地や荒れ地など		
生活エリア	地表性	活動時間	昼行性
環境温度	25〜30℃(ホットスポット32℃前後)		
食性(エサ)	動物食性(冷凍マウスなど)		

MEMO
唾液に毒が含まれる
　本種は毒があり、その毒は唾液に含まれています。なお、毒は弱く、その毒によって人間が命を落とすことはありません。

■特徴

　種名の「シシバナ」は漢字で書くと「獅子鼻」で、獅子のように上を向いた鼻をしています。また、擬死行動をするヘビとしても広く知られていて、身の危険を感じたときには口を開けて腹部を上に向け、死んだふりをします。

■飼育のポイント

　動きはゆっくりで、ニョロニョロと体をくねらせることなく、スルスルと移動します。性格の個体差が大きいので、迎え入れる前に性格を確認しましょう。また、拒食をする個体もいますが、その場合はシーチキンの缶詰の汁を冷凍マウスにつけると食べることが多いようです。

デザートストライプ

063 カリフォルニアキングスネーク 【ナミヘビ科 キングヘビ属】
Californiae Kingsnake

入手しやすさ	★★★★★	飼育しやすさ	★★★★☆

全　　　長	120〜150cm	平均寿命	20〜25年
分布エリア	アメリカの西部		
分布環境	温暖な気候の森林、草原、農耕地周辺など		
生活エリア	地表棲〜半樹上棲	活動時間	昼行性
環境温度	25〜30℃		
食性（エサ）	動物食性（冷凍ラットや冷凍マウスなど）		

モルフ名は「チョコレート」。いろいろなタイプの体色や模様の個体がいる

■特徴
　略して「カリキン」と呼ばれることもある、一般家庭で飼育できるヘビとしてはポピュラーな種です。カリフォルニアなどのアメリカの西部に分布しています。食性は動物食性ですが、その対象は幅広く、自然環境下ではいろいろなものを捕食します。名前に「キング」（王様）がつくのは、毒蛇として恐れられている「ガラガラヘビ」をも食べてしまうことがあるからとされています（本種に毒はありません）。

■飼育のポイント
　共食いをしてしまうことがあるため、一つのケージでは1匹の単独飼育が基本です。

第3章 爬虫類〔ヘビ〕

83

◎アネリ

064 ケニアサンドボア 【ボア科スナボア属】
Kenyan Sand Boa

| 入手しやすさ | ★★★☆☆ | 飼育しやすさ | ★★★★★ |

全　　長	60〜90cm	平均寿命	10〜20年
分布エリア	ケニアなどのアフリカ大陸の東部		
分布環境	乾燥気味の気候の草地や砂漠		
生活エリア	地中棲	活動時間	昼行性
環境温度	25〜30℃（ホットスポット32℃前後）		
食性（エサ）	動物食性（冷凍マウスなど）		

●アルビノ

■特徴

　別名は「ナイルスナボア」。つぶらな瞳がかわいらしく人気が高い種です。同じ属の「ミューラーサンドボア」(85ページ)より気性が荒い個体が多い傾向があります。なお、ボア科のヘビは体内で卵をかえす「卵胎生」であることが多く、本種も卵を体外には産みません。

■飼育のポイント

　捕食のスタイルが、砂のなかに潜り、顔だけ出してエサを待つ「待ち伏せ型」なので、床材は目の細かい砂を選びましょう。水切れには強いものの水入れは設置します。

砂に潜りやすいように平たい顔をしている

065 ミューラーサンドボア【ボア科スナボア属】
Saharan Sand Boa

入手しやすさ	★★★☆☆	飼育しやすさ	★★★★★

全　　長	40〜80cm	平均寿命	15〜30年
分布エリア	アフリカ大陸の西部		
分布環境	乾燥気味の気候の荒地や砂漠		
生活エリア	地中棲	活動時間	夜行性
環境温度	20〜30℃（ホットスポット32℃前後）		
食性（エサ）	動物食性（冷凍マウスなど）		

　アフリカ大陸の西部に分布するスナボア属の種。体表の模様で市場の価格が大きく変わります。黒系の模様が細かく、オレンジ色系の地の面積が広いタイプは「オレンジダルメシアン」と呼ばれます。

066 バロンコダマヘビ【マイマイヘビ科コダマヘビ属】
Baron's Green Racer

入手しやすさ	★★★☆☆	飼育しやすさ	★★★★☆

全　　長	100〜160cm	平均寿命	15〜20年
分布エリア	ボリビアなどの南米		
分布環境	温暖な気候の森林、湿地、草地		
生活エリア	半樹上棲〜樹上棲	活動時間	昼行性
環境温度	25〜30℃（ホットスポット32℃前後）		
食性（エサ）	動物食性（冷凍ラットや冷凍マウスなど）		

　美しいヘビとして評価が高い種です。背中側は明るい色味の緑で、体側には黒系のラインがあり、その下のお腹側は白味を帯びた緑です。また、顔の先端に角状の突起があるのも大きな特徴です。

● 「ジャガーカーペットパイソン」という種のアルビノ

● 「ジャングルジャガーカーペットパイソン」という種

● 種名は「コモンカーペットパイソン」

067 カーペットパイソン【ニシキヘビ科オマキニシキヘビ属】
Carpet Python

入手しやすさ	★★★★☆	飼育しやすさ	★★★☆☆

全　　長	180～250cm	平均寿命	15～20年
分布エリア	オーストラリア、パプアニューギニア、インドネシアなど		
分布環境	乾燥気味の草原や熱帯雨林などのさまざまな環境		
生活エリア	半樹上棲	活動時間	昼行性
環境温度	28～32℃（ホットスポット35℃前後）		
食性（エサ）	動物食性（冷凍ラットや冷凍マウスなど）		

● 「カーペットパイソン」と「グリーンパイソン」の交配で生まれた「ジャガーポンドロ」という珍しい種

■特徴

　パイソン（Python）は日本語にするとニシキヘビで、本種は「カーペットニシキヘビ」と呼ばれることもあります。厳密にいうと「カーペットパイソン」は種名ではなく、オーストラリアやその周辺の島国に分布し、同じ属に分類される種の総称です。そのため、いろいろな体色・模様の個体が流通しています。

■飼育のポイント

　基本的にはおとなしい性格で、動きもゆっくりなのでハンドリングも可能です。ただし、大型のヘビなので、最低でも幅120×奥行45×高さ45㎝のケージが必要とされています。

068 グリーンパイソン【ニシキヘビ科オマキニシキヘビ属】
Green Python

入手しやすさ	★★★☆☆	飼育しやすさ	★★★☆☆

全　　　長	150〜200cm	平均寿命	10〜20年
分布エリア	オーストラリアやパプアニューギニアなど		
分布環境	熱帯雨林		
生活エリア	樹上棲	活動時間	夜行性
環境温度	27〜32℃（ホットスポット35℃前後）		
食性（エサ）	動物食性（冷凍ラットや冷凍マウスなど）		

「ミドリニシキヘビ」とも呼ばれます。ローカリティにより、いろいろな色・模様の個体がいます。また、とぐろの巻き方にも特徴があり、頭を中心として左右対称に巻いた姿は「グリーンパイソンらしい」といえるでしょう。

MEMO

よく似たヘビ

「グリーンパイソン」によく似た種に「エメラルドツリーボア」がいます。ただ、この2種は属している科が異なり、「グリーンパイソン」はニシキヘビ科で、「エメラルドツリーボア」はボア科です。

●「スマトラブラッドパイソン」の野生個体

●「マラヤンブラッドパイソン」の「ゴールデンアイ」というモルフ

●「マラヤンブラッドパイソン」の「リリーレッド」というモルフ

069 ブラッドパイソン【ニシキヘビ科ニシキヘビ属】
Blood Python

入手しやすさ	★★★☆☆	飼育しやすさ	★★☆☆☆

全　　　長	150〜200cm	平均寿命	20〜30年
分布エリア	インドネシア、タイ、マレーシアなど		
分布環境	温暖で多湿な気候の沼地や水田		
生活エリア	地表棲	活動時間	夜行性
環境温度	25〜30℃（ホットスポット32℃前後）		
食性（エサ）	動物食性（冷凍ラットや冷凍マウスなど）		

●T＋アルビノ

■特徴

　「ブラッドパイソン」は厳密には似た仲間の総称で、「マレーアカニシキヘビ」とも呼ばれます。具体的には「スマトラブラッドパイソン」「ボルネオブラッドパイソン」「マラヤンブラッドパイソン」という３種がいます。このなかで「マラヤンアカニシキヘビ」の体色は赤系で、それが名前の由来になったとされています（「ブラッド」は英語で「血」という意味）。

■飼育のポイント

　気性が荒い個体もいるのでハンドリングには要注意。また、大きく成長し、力が強いので、大きくて頑丈なケージを用意します。

光が当たると虹色に輝いて見える

070 サンビームヘビ【サンビームヘビ科サンビームヘビ属】
Sunbeam Snake

入手しやすさ	★★★☆☆	飼育しやすさ	★★★★★

　地表だけではなく、地面のなかに潜って地中でも生活する種です。その生態は半地中棲とも表現されます。体色は基本的には黒系で、光沢があるのが大きな特徴です。

全　　　長	70～120cm	平均寿命	8～12年
分布エリア	東～東南アジア		
分布環境	高温多湿な気候の湿地など		
生活エリア	半地中棲	活動時間	昼行性
環境温度	25～30℃		
食性(エサ)	動物食性(冷凍マウスなど)		

「タンジェリンアルビノ」と呼ばれるアルビノの個体

全　　　長	70～150cm	平均寿命	15～20年
分布エリア	中米		
分布環境	温帯～熱帯性気候の森林,草原,農耕地など		
生活エリア	地表性～半樹上性	活動時間	昼行性
環境温度	25～30℃(ホットスポット32℃前後)		
食性(エサ)	動物食性(冷凍マウスなど)		

　「ミルクスネーク」という種名は小動物を捕食するために牛舎に侵入したのを牛の乳を飲みにきたと勘違いされたことに由来するとされています。いろいろな体色や模様の個体がいますが、基本的には派手な色合いをしています。その体色は毒があることを示す警告色のようですが無毒です。穏やかな性格の個体が多く、飼育しやすい種とされています。

071 ホンジュランミルクスネーク【ナミヘビ科 キングヘビ属】
Honduran Milksnake

入手しやすさ	★★★☆☆	飼育しやすさ	★★★★★

072 アオダイショウ【ナミヘビ科ナメラ属】
Japanese Rat Snake

| 入手しやすさ | ★★★★☆ | 飼育しやすさ | ★★★★☆ | 国内 |

全　　長	100〜200cm	平均寿命	10〜20年
分布エリア	日本		
分布環境	国内全土の森林、草原、水辺、農地		
生活エリア	地表棲〜樹上棲	活動時間	昼行性
環境温度	20〜30℃		
食性(エサ)	動物食性(冷凍ラットや冷凍マウスなど)		

●アルビノ

■特徴
　国内全土に分布する日本の固有種。自然豊かなところはもちろん、水田などの人が生活しているところの近くで見かけることもある身近なヘビです。活動の範囲は広く、動きも俊敏です。基本的には樹上棲とされていますが、地表で野生のネズミを捕食することもあり、水面を優雅に泳ぐこともできます。

■飼育のポイント
　日本のヘビで飼育しやすい種ですが、大きく成長するので大きいケージを用意します。また、自然環境下では冬眠をしますが、飼育環境下ではさせないほうが無難です。

黒化の個体。「カラスヘビ」と呼ばれる

黒化の個体の顔。かわいらしい表情をしている

073 シマヘビ【ナミヘビ科ナメラ属】
Japanese Striped Snake

入手しやすさ	★★★★☆	飼育しやすさ	★★★★☆	国内

全　　長	80〜200cm	平均寿命	6〜10年
分布エリア	日本		
分布環境	一部の地域を除く国内の草原、水辺、農地		
生活エリア	地表棲〜半樹上棲	活動時間	昼行性
環境温度	20〜30℃		
食性(エサ)	動物食性(冷凍ラットや冷凍マウスなど)		

MEMO
数は自然環境下での数が減少
　シマヘビはよく地表を移動するため交通事故に遭いやすいとされています。とくに関東での自然環境下での生育数は減少しています。

■特徴
　左ページの「アオダイショウ」と同じナメラ属に分類される種。日本の固有種であり、人が生活しているところで見かけることがある点なども共通しています。違いは本種は名前が示すように体表に縞模様があること。また、目の黒目の周りがオレンジ色系なのも特徴です。

■飼育のポイント
　個体差があるものの、「アオダイショウ」と同様に本種も成長すると1メートルを超えることが多いので、ケージは大きめのものを用意します。隠れる場所があると落ち着くので、シェルターを設置しましょう。

全　　　長	20〜60cm	平均寿命	4〜6年
分布エリア	日本		
分布環境	本州や四国、九州の平地〜山地		
生活エリア	地表棲	活動時間	夜行性
環境温度	20〜25℃		
食性（エサ）	動物食性（ミミズなどの小動物）		

　日本の固有種。ヘビの仲間では小型で、短命とされています。体色は青味を帯びた褐色系で、国内に分布する他のヘビの仲間とは大きく異なる見た目です。種名は本種を最初に採取した学者・高千穂宣麿に由来します。また、飼育環境については、比較的、冷涼な環境を好むので盛夏の高温に注意が必要です。乾燥にも弱い種とされています。

074 タカチホヘビ【タカチホヘビ科タカチホヘビ属】
Japanese Odd-scaled Snake

入手しやすさ	★★☆☆☆	飼育しやすさ	★★☆☆☆	国内

「シロマダラ」は他の小型の爬虫類を好んで捕食する

075 シロマダラ【ナミヘビ科オオカミヘビ属】
Oriental Odd-tooth Snake

入手しやすさ	★★☆☆☆	飼育しやすさ	★★☆☆☆	国内

　国内に分布していますが、最近は数が減少していて「幻のヘビ」と称されることも。地域によっては絶滅危惧種に指定されています。日本の固有種ながら、とくにエサの問題があり、拒食となる個体もいます。

全　　　長	30〜70cm	平均寿命	7〜15年
分布エリア	日本		
分布環境	本州や四国、九州などの平地〜山地		
生活エリア	地表性	活動時間	夜行性
環境温度	20〜25℃		
食性（エサ）	動物食（トカゲなどの小型の爬虫類）		

全　　　長	70〜120cm	平均寿命	10〜20年
分布エリア	日本		
分布環境	国内の低山地の森林		
生活エリア	半地中棲	活動時間	昼行性
環境温度	20〜24℃		
食性（エサ）	動物食性（冷凍マウスなど）		

　地中にいることが多く、モグラなどを捕食します。種名はその「土に潜る」という生態に由来するとされています（地潜り→ジムグリ）。日本の固有種で、国内で分布している範囲は広いものの、人の生活空間ではあまり見かけません。さらに最近は自然環境下での個体数が減少していて、たとえば東京都では準絶滅危惧種に指定されています。飼育環境については盛夏の高温に注意が必要です。

076　ジムグリ【ナミヘビ科ジムグリ属】
Japanese Forest Ratsnake

入手しやすさ ★★☆☆☆ 飼育しやすさ ★★★★☆ 国内

全　　　長	40〜60cm	平均寿命	7〜10年
分布エリア	日本		
分布環境	国内の森林、草地、水田		
生活エリア	地表棲	活動時間	昼行性
環境温度	20〜24℃		
食性（エサ）	動物食性（メダカなどの小動物）		

　日本の固有種（固有亜種）で国内に広く分布しますが、最近は数を減らしています。水田などの水場で見かけることが多く、自然環境下では春先にオタマジャクシなどを捕食し、他にはカエルや小魚なども食べることがあります。その生態を考慮して、飼育環境下ではメダカやドジョウなどを与える飼育者もいます。臆病な性格で、比較的、飼育は難しいとされています。

077　ヒバカリ【ナミヘビ科ヒバカリ属】
Japanese Keelback

入手しやすさ ★★★☆☆ 飼育しやすさ ★★☆☆☆ 国内

性格が穏やかでハンドリングも可能。
初心者でも安心して飼育にチャレンジできるヘビ

ボールパイソンは人気が高く、国内でもっとも飼育数が多いヘビです。性格は穏やか
で、モルフは豊富。初心者にもおすすめです。

ナビゲーター／ヘビやのヒロアキ、取材／RAFちゃんねる 有馬（本書監修者）

ボールパイソンの魅力

飼育しやすい種で、初心者にもおすすめ

　「ヘビの飼育はハードルが高い」というイメージがある方が多いようですが、そのようなことはありません。なかでもボールパイソンは性格が穏やかな個体が多く、とても飼いやすい種です。私どもは『ボールパイソン専門店 DEU Reptiles』以外にも爬虫類を総合的に取り扱う『DREXX』という総合店も経営していますが、やはりボールパイソンは生き物のなかでも突出して飼いやすく、ペットに最適だと感じています。

　ハンドリングも楽しめますし、初めて爬虫類・両生類を飼育する方にもおすすめです。

飼育に必要なもの

ケージは個体のサイズに合ったものを選ぶ

　飼育に必要なものは基本的には他の爬虫類・両生類の仲間に共通していて、とくに「ボールパイソンならでは」というものはありません。気を付けてあげるとしたらケージのサイズで、ボールパイソンの成体は1メートルを超えるので、そのサイズに合ったものを用意します。といっても、ボールパイソンはとぐろを巻くので、それが基準になり、ケージのサイズはとぐろを巻いたときの3〜4倍の床面積が目安です。あまり広いとボールパイソンが不安を感じることがあるので、成長に応じてサイズアップするのが一般的です。また、底に敷く床材は無臭のペットシーツやキッチンペーパー、市販の爬虫類用の木材（針葉樹ではなく広葉樹）由来のチップなど、基本的には種類を選びません。なかでも保湿や防臭の面で優れているヤシガラ由来のものはおすすめです。

【飼育に必要なものの一例】
※体重が500グラム以下の若い個体の場合
●ケージ／幅20×奥行30×高さ15.5cm
●床材／無臭のペットシーツ
●飼育用品／水入れ、温度＆湿度計、保温用のパネルヒーター

基本的な飼育方法

給餌は週に一度

　エサは主として冷凍ラットなどで「週に一度で一匹」が基本です。エサの量が多いと肥満になり、それが健康上のトラブルにつながることもあります。また、個体が水分を補給できるようにケージ内に水入れを設置します。

掃除も定期的に

　排泄物を見つけたらすみやかに処理するなど、ケージ内をできるだけ清潔に保ちます。

温度は28～32℃が目安

　ケージ内の温度は28～32℃、湿度は50～60％が目安です。とくに高温には要注意でホットスポットでも35℃を超えないように管理します。ケージの下の片側にパネルヒーターを設置して、ケージ内に温度の勾配をつけるとボールパイソンは自分で居心地のよい場所に移動します。

ヨダレに要注意

　健康上のトラブルは早期に獣医師に診てもらうことが基本です。初心者でも分かりやすい体調不良の目安はヨダレの有無で、ボールパイソンが不調になると症状の一つとして泡の混じったヨダレを出します。たまに口内の様子を見てあげるとよいでしょう。

若い個体のケージの様子。ボールパイソンはシンプルな環境で飼うことができる

第3章　爬虫類【ヘビ】

長く健康に暮らすコツ

成体のケージは衣装ケースでもOK

　ケージは幼体や若い個体はヒョウモントカゲモドキ（14ページ）などにも使用されている市販のアクリル製の爬虫類用飼育ケースが便利です。成長した個体はホームセンターなどで販売している衣装ケースを利用してもよいでしょう。個体に対してケージ内のスペースが広すぎる場合はシェルターを設置すると個体が落ち着いて生活できます。

一時的な満点よりも「常に80点」を意識

　これは他の爬虫類・両生類の仲間にも共通していると思いますが、年末の大掃除のようにある一時だけ100点を目指すが他は10点、20点という波がある環境での飼育は生き物にとって望ましくありません。いつも100点を目指すことが難しければ、無理をせず、常に80点の環境を与えてあげられるように心がけましょう。具体的には今まで話したように「温度・湿度を保つ」「水は新鮮なものをあげる」「折に触れて健康をチェックする」で十分です。

水は常温の水道水を

　水は「新鮮で清潔なもの」をあげてください。衛生面を考えるとミネラルウォーターではなく、水道水がよく、毎日交換するのが理想です。冷たい水はお腹を壊してしまうことがあるので、水道水を常温にしてからあげましょう。また、ボールパイソンは食事後に消化のために水をよく飲むので、エサをあげる際には意識して水も取り替えてあげるとよいと思います。

ヘビやのヒロアキ
『ボールパイソン専門店 DEU Reptiles』オーナー。『DEU Reptiles』は日本最大級のヘビの販売店で多数のボールパイソンを取り扱っている。

第4章

爬虫類
カメ

▲インドホシガメ→106ページ

硬い甲羅を持つカメはまん丸としたかわいい姿が魅力の一つです。
リクガメのように地表棲のものがいれば、スッポンのように半水棲〜水棲のものもいます。
その姿だけではなく、ゆっくりとした動作で一生懸命に歩くところや
食事の様子も愛おしいもの。基本的には長寿でなかには50年生きる個体もいます。

本章の掲載種

▲ギリシャリクガメ→105ページ

▲チュウゴクセマルハコガメ→101ページ

▲ダイヤモンドバックテラピン→103ページ

▲アカアシリクガメ→106ページ

078 クサガメ【イシガメ科イシガメ属】
Reeves' Pond Turtle

入手しやすさ	★★★★★	飼育しやすさ	★★★★★	国内

全　　　長	甲羅長／10〜25cm	平均寿命	20〜30年
分布エリア	日本を含む東アジア		
分布環境	国内の池や水田など		
生活エリア	半水棲	活動時間	昼行性
環境温度	水温／20〜30℃		
食性(エサ)	動物食性が強い雑食性（人工飼料など）		

外見は甲羅に3本のキール（隆起）があるのが大きな特徴である

■特徴
　国内に広く分布し、水田などの人の存在が近い場所でも見かけることがあります。以前は日本の固有種と考えられていましたが、最近の研究により、江戸時代以降に朝鮮半島や中国から持ち込まれた外来種の可能性が高いということが明らかになりました。

■飼育のポイント
　国内に広く分布している身近なカメで、飼育している人も多い種です。飼育環境下では無理に冬眠をさせる必要はありません。できるだけ個体が健康に長生きできる環境で飼育しましょう。

クサガメの体色の種類

「クサガメ」のオスは成長するにつれて全身が黒くなる個体もいる。この現象を「黒化（メラニズム）」といい、個体差があるものの、だいたい生後3〜6年ぐらいで黒化がはじまる

黒化した個体はお腹側も黒い

MEMO
皮膚呼吸もできる

　クサガメは池などの水がある場所に暮らし、よく水に潜ります。個体の大きさにもよりますが、大型の「クサガメ」は一度、空中で呼吸をすると無理なく1分以上は潜水できます。これはカメの仲間は肺呼吸に加えて皮膚呼吸ができるからと考えられています。

水に潜っているクサガメ

079 ニホンイシガメ【イシガメ科イシガメ属】
Japanese Pond Turtle

入手しやすさ	★★★★★	飼育しやすさ	★★★★★	国内

全　　　長	甲羅長／15〜20cm	平均寿命	20〜30年
分布エリア	日本		
分布環境	本州、四国、九州の池や沼		
生活エリア	半水棲	活動時間	昼行性
環境温度	水温／20〜28℃		
食性(エサ)	動物食性が強い雑食性（人工飼料など）		

■特徴

　日本の固有種で、「クサガメ」(98ページ)と並び、身近な「カメらしいカメ」です。本種と「クサガメ」の幼体は「銭亀(ゼニガメ)」とも呼ばれます。本種の若い個体は甲羅の尾側の縁のギザギザが目立ちます。

■飼育のポイント

　基本的にクサガメと同様に飼育できます。室内で飼育する場合は紫外線ライトを設置します。しっかりと日光浴をさせてあげることで甲羅が健康に育ちます。また、皮膚病にならないように水はこまめに交換しましょう。

甲羅は黄色味を帯びた独特の色合いをしている

080 チュウゴクセマルハコガメ【イシガメ科ハコガメ属】

Chinese Yellow-margined Box Turtle

入手しやすさ	★★★☆☆	飼育しやすさ	★★★★★

全　　　長	甲羅長／10〜20cm	平均寿命	20〜30年
分布エリア	中国、台湾		
分布環境	温暖な気候の湿地や沼など		
生活エリア	地表棲〜半水棲	活動時間	昼行性
環境温度	水温／20〜28℃		
食性（エサ）	動物食性が強い雑食性（人工飼料など）		

甲羅はドーム状で丸みを帯びていて高さがある

■特徴

　種名に「ハコ（箱）」がつくことからもわかるように、甲羅は箱のように高さがあるドーム状です。また、目の後ろに黄色系のラインが入り、華やかな印象の顔をしています。本種は中国の南部などに分布していますが、石垣島と西表島にいる亜種の「ヤエヤマセマルハコガメ」は国指定天然記念物になっています。

■飼育のポイント

　昆虫食性が強い傾向があり、コオロギなどもよく食べます。市販のカメのエサやコイのエサも同様によく食べます。紫外線ライトを設置して日光浴ができる環境を整えましょう。

「ニホンイシガメ」より甲羅が滑らかで丸みが強い

081 ヤエヤマイシガメ【イシガメ科イシガメ属】
Asian Brown Pond Turtle

入手しやすさ	★★★★☆	飼育しやすさ	★★★★★	国内

八重山諸島（沖縄県）の石垣島、与那国島に生息する固有種（固有亜種）。その地域の個体の採取は禁止されていますが、宮古島や大東諸島に分布している個体は人の手で移入されたもので採取が可能です。

全　　　長	甲羅長／15〜20cm	平均寿命	20〜30年
分布エリア	八重山諸島などの沖縄県内の各島		
分布環境	温暖な気候の池や沼		
生活エリア	半水棲	活動時間	夜行性
環境温度	水温／20〜28℃		
食性（エサ）	動物食性が強い雑食性（人工飼料など）		

成体の甲羅は滑らかなドーム状。甲羅の色には個体差があり、全体的な色味が明るいものもいる

082 ミシシッピニオイガメ【ドロガメ科ニオイガメ属】
Common Musk Turtle

入手しやすさ	★★★★☆	飼育しやすさ	★★★★★

比較的、寒い地域から暖かい地域まで広く分布していて、丈夫な種とされています。身の危険を感じると臭いのある分泌液を出しますが、普段は生体自体に臭いはありません。

全　　　長	甲羅長／10〜13cm	平均寿命	15〜20年
分布エリア	カナダ、アメリカ		
分布環境	湖や沼、流れが緩やかな河川		
生活エリア	水棲	活動時間	昼行性
環境温度	水温／23〜30℃		
食性（エサ）	動物食性が強い雑食性（人工飼料など）		

全体的に外見が美しいカメ。お腹側もきれいな模様がある

083 ダイヤモンドバックテラピン【ヌマガメ科 キスイガメ属】
Ornate Diamondback Terrapin

入手しやすさ	★★★☆☆	飼育しやすさ	★★★☆☆

種名は甲羅の模様に由来します。それが宝石のダイヤモンドの代表的なカットを真横から見た五角形に似ています。首や四肢は白系のベースに黒系の斑点があります。

全　　　長	甲羅長／20～25cm	平均寿命	20～30年
分布エリア	アメリカ大陸の東南部		
分布環境	亜熱帯性気候の沼地（汽水域を含む）		
生活エリア	半水棲	活動時間	昼行性
環境温度	水温／20～28℃		
食性(エサ)	動物食性が強い雑食性（人工飼料など）		

084 マタマタ【ヘビクビガメ科マタマタ属】
Matamata

入手しやすさ	★★★☆☆	飼育しやすさ	★★☆☆☆

全体的にゴツゴツとした印象の外見は周囲の落葉や岩石に溶け込むためのものと考えられています。個性的な種名とともに広く知られる、人気が高い種です。

全　　　長	甲羅長／30～45cm	平均寿命	7～10年
分布エリア	南アメリカ大陸の北部～中央部		
分布環境	熱帯雨林気候の流れの緩やかな河川や沼地		
生活エリア	水棲	活動時間	夜行性
環境温度	水温／26～30℃		
食性(エサ)	動物食性（生きた小型の金魚など）		

085 スッポン 【スッポン科スッポン属】
Soft-shelled Turtle

| 入手しやすさ | ★★★★☆ | 飼育しやすさ | ★★★★☆ | 国内 |

全　　　長	甲羅長／25～30cm	平均寿命	20～30年
分布エリア	日本を含む東アジア		
分布環境	国内の平地の比較的大きな池や沼など		
生活エリア	半水棲～水棲	活動時間	夜行性
環境温度	水温／20～30℃		
食性(エサ)	動物食性が強い雑食性(人工飼料など)		

アルビノのベビー

■特徴
　甲羅が皮膚で覆われていて、その縁は柔らかくなっています。また、鼻先はシュノーケルのように細い形状で、浅瀬の砂に潜りながら、首を伸ばして鼻先だけを水上に出して呼吸します。「噛みついたら放さない」とよくいわれますが、水中に戻すと簡単に放します。

■飼育のポイント
　砂に潜る性質があるので砂をしっかり敷くと落ち着きます。ケージ内には陸場も用意しますが、臆病なので飼育環境下では陸に上がる姿はなかなか見られません。日光浴が必要なので室内飼育の場合は紫外線ライトを設置します。

丸く盛り上がったドーム状の甲羅をしていて、いかにもリクガメらしい姿をしている

086 ギリシャリクガメ【リクガメ科チチュウカイリクガメ属】

Common Tortoise

入手しやすさ	★★★★★	飼育しやすさ	★★★★★

　リクガメのなかではポピュラーな種で、比較的、市場の流通量も多めです。一般的には丈夫で自宅で飼育しやすいカメとされています。

全　　　長	甲羅長／15〜30cm	平均寿命	20〜50年
分布エリア	ヨーロッパ南部、北アフリカ、西アジア		
分布環境	熱帯雨林気候の乾燥気味の草地や砂漠		
生活エリア	地表棲	活動時間	昼行性
環境温度	27〜30℃（ホットスポット35℃前後）		
食性（エサ）	植物食性（野菜、果物、野草、人工飼料など）		

甲羅は「ギリシャリクガメ」とよく似ている。黄色系と黒色系のコントラストが美しい

087 ヘルマンリクガメ【リクガメ科チチュウカイリクガメ属】

Hermann's Tortoise

入手しやすさ	★★★★★	飼育しやすさ	★★★★★

　上の「ギリシャリクガメ」と同じ属のカメ。尾の真上の甲羅などが違い、「ギリシャリクガメ」はその甲羅が1枚なのに対して本種は2枚です。

全　　　長	甲羅長／15〜30cm	平均寿命	20〜50年
分布エリア	ヨーロッパ（地中海沿岸）		
分布環境	乾燥気味の気候の森林		
生活エリア	地表棲	活動時間	昼行性
環境温度	27〜30℃（ホットスポット35℃前後）		
食性（エサ）	植物食性（野菜、果物、野草、人工飼料など）		

四肢に赤いウロコがあるのが大きな特徴で、その赤いウロコは頭にもある

088 アカアシリクガメ【リクガメ科ナンベイリクガメ属】
Red-footed Tortoise

入手しやすさ	★★★★☆	飼育しやすさ	★★★★☆

「アカアシガメ」とも呼ばれ、近縁種に四肢と頭に黄色いウロコがある「キアシリクガメ」もいます。草地などに棲むリクガメなので水入れを設置し、飲み水はこまめに交換します。

全　　長	甲羅長／30〜50cm	平均寿命	30〜40年
分布エリア	中南米		
分布環境	気温と湿度がやや高い気候の草地など		
生活エリア	地表棲	活動時間	昼行性
環境温度	25〜30℃（ホットスポット35℃前後）		
食性（エサ）	植物食性が強い雑食性（人工飼料や野菜など）		

全　　長	甲羅長／20〜30cm	平均寿命	30〜50年
分布エリア	インド、スリランカ、パキスタン		
分布環境	乾季と雨季がわかれた熱帯雨林		
生活エリア	地表棲	活動時間	昼行性
環境温度	25〜30℃（ホットスポット35℃前後）		
食性（エサ）	植物食性が強い雑食性（野菜、果物、野草など）		

「ホシガメ」という種名が示すように、高く盛り上がったドーム状の甲羅には星のような模様があります。その個性的な外見などにより人気は高いものの、市場に流通している個体数は多くはありません。自然環境下では雨季と乾季の降水量の差が大きい地域に生息していて、とくに雨季に活発に活動するとされています。

089 インドホシガメ【リクガメ科リクガメ属】
Indian Star Tortoise

入手しやすさ	★★☆☆☆	飼育しやすさ	★★★☆☆

できるだけ広いスペースを用意して
活発に活動するリクガメの様子を観察しよう

見た目が美しく、活発に活動するリクガメはできるだけ広いスペースで飼育しましょう。ケージとしてホームセンターなどで市販されているトロ舟を利用するのがおすすめです。

ナビゲーター／RAFちゃんねる 有馬(本書監修者)

ギリシャリクガメの魅力

活発に活動する様子を観察できる

ギリシャリクガメはとにかく活発で、ケージ内をよく歩き回ります。昼行性なので、日中にそのイキイキとした姿を観察できるのが大きな魅力です。また、植物食性なのでエサを用意しやすいというメリットもあります。

カルシウム摂取用の「カトルボーン」をかじっているところ

基本的な飼育方法とポイント

飼育容器のおすすめはトロ舟

ギリシャリクガメは市販の爬虫類用のケージでも飼育することができます。サイズは運動量が多いので幅90cm以上のものがよいでしょう。そのサイズのガラス製のケージは重たく、たとえばケージを移動する際に持ち上げられないなど、管理をするうえで何かと手間がかかります。そこでおすすめなのがセメントなどを混ぜるときに使われる容器・トロ舟です。トロ舟はホームセンターなどで販売していて、いろいろなサイズを選べます。

カルシウムを意識する

ギリシャリクガメを含め、植物食性の爬虫類はエサを毎日与えるのが基本です。エサの内容についてはギリシャリクガメは生のコマツナやニンジン、カボチャなどが主流です。量については、数分で食べ切れる、あるいは少し残るぐらいがちょうどよい量です。また、カメは甲羅があるのでカルシウムを豊富に摂取する必要があります。野菜に市販のカルシウムを添加するのはもちろん、定期的に市販の「カトルボーン」(イカの甲の骨状のもの)をケージ内に入れておくと、生体がかじってカルシウムを摂取できます。

【飼育に必要なものの一例】
※成体を多頭飼育(2匹)の場合
● ケージ／幅約90×奥行約50×高さ約24.5cm
● 床材／バークチップ
● 飼育用品／エサ入れ、水入れ
● ライト類／バスキングライト、紫外線ライト

脱走防止策を講じる

ケージにはバスキングライトと紫外線ライトを設置して温度は27～30℃(ホットスポット35℃前後)をキープします。

また、トロ舟を使用する場合は、個体のサイズなどに応じて脱走防止のために金網をかぶせるなどの脱走防止のための工夫を施します。

第5章

爬虫類
カメレオン

▲パンサーカメレオン→110ページ

カメレオンは「森林のハンター」です。静かに身構えてエサとなる昆虫に狙いを定め、
長い舌を伸ばして瞬時に獲物をとらえる様子はとても迫力があります。
また、環境に応じて体色をかえたり、眼を左右別々に動かせるのは
他の生物にはない特徴です。観察する楽しみが多い爬虫類です。

本章の掲載種

▲エボシカメレオン→112ページ

▲ジャクソンカメレオン→112ページ

▲カーペットカメレオン→113ページ

●アンビローブ

●アンバンジャ

●ノシファリー

090 パンサーカメレオン【カメレオン科フサエカメレオン属】
Panther Chameleon

入手しやすさ	★★★★☆	飼育しやすさ	★★★★☆

全　　長	30〜50cm	平均寿命	4〜6年
分布エリア	マダガスカル		
分布環境	熱帯雨林		
生活エリア	樹上棲	活動時間	昼行性
環境温度	25〜30℃（ホットスポット32℃ぐらい）		
食性（エサ）	動物食性（コオロギなどの昆虫）		

●ノシミチオ

■特徴

　国内の一般家庭で飼育されているカメレオンのなかではもっともポピュラーな種です。体色は緑系がベースで、「美しい爬虫類」と称されます。ローカリティは豊富で、いろいろなカラーの個体がいます。とくにオスは体色の個体差が大きいとされています。

■飼育のポイント

　高さがある、通気性のよいメッシュのケージで飼育するのがポイントです。水やりも工夫が必要で、動かない水には反応しない個体が多いので、ミスティングシステムで植物についた水滴を舐めさせるなど、環境を整えます。

091 パーソンカメレオン 【カメレオン科カルンマカメレオン属】
Parson's Chamaeleon

入手しやすさ	★★☆☆☆	飼育しやすさ	★★☆☆☆

全　　　長	45〜60cm	平均寿命	10〜16年
分布エリア	マダガスカル		
分布環境	熱帯雨林		
生活エリア	樹上棲	活動時間	昼行性
環境温度	24〜28℃（ホットスポット32℃ぐらい）		
食性（エサ）	動物食性（コオロギなどの昆虫）		

MEMO
体色が変化する
　本種を含め、カメレオンの仲間は体色を変えることができます。たとえば怒ると一気に体色が鮮やかな色合いになります。

■特徴
　頭の上部が平らで、後ろ側が高く突き出しているのが大きな特徴です。カメレオンのなかでは最重量種でサイズも大きく、なかには全長が70cmになる個体もいます。一般的にはオスの体色によって口周辺が黄色の「イエローリップ」、目がオレンジ色の「オレンジアイ」、全身が黄色の「イエロージャイアント」という三つのタイプにわけられます。

■飼育のポイント
　大型のカメレオンなので、ケージのサイズはもちろん、レイアウト用のアイテムをしっかりと設置するなどサイズに応じた環境を整えます。

第5章　爬虫類〔カメレオン〕

111

092 エボシカメレオン【カメレオン科カメレオン属】
Veiled Chameleon

入手しやすさ	★★★★☆	飼育しやすさ	★★★★☆

後頭部が高く盛り上がっていて、それが烏帽子（えぼし／成人男性がかぶる和装の帽子）のようであることが種名の由来とされています。体色は緑系のベースにオレンジ色系などの帯模様が基本です。

全　　　長	40〜55cm	平均寿命	5〜8年
分布エリア	サウジアラビアなどの中東		
分布環境	乾燥気味の気候の森林		
生活エリア	樹上棲	活動時間	昼行性
環境温度	25〜30℃（ホットスポット32℃ぐらい）		
食性(エサ)	動物食性（コオロギなどの昆虫）		

093 ジャクソンカメレオン【カメレオン科カメレオン属】
Jackson's Chameleon

入手しやすさ	★★★☆☆	飼育しやすさ	★★★☆☆

オスの頭に3本の大きな角があり、恐竜のような姿をしています。メスはその角がないか、あってもとても短いものです。このオスの角は縄張り争いやメスの奪い合いのときに使われます。

全　　　長	15〜35cm	平均寿命	5〜10年
分布エリア	タンザニアなどのアフリカ大陸の東部		
分布環境	熱帯雨林		
生活エリア	樹上棲	活動時間	昼行性
環境温度	25〜30℃（ホットスポット32℃ぐらい）		
食性(エサ)	動物食性（コオロギなどの昆虫）		

094 バシリスクカメレオン【カメレオン科カメレオン属】
Basilisk Chameleon

入手しやすさ	★★☆☆☆	飼育しやすさ	★★★★☆

　左ページの「エボシカメレオン」のように後頭部が盛り上がっているのが特徴です。珍しい種で、国内では最近、一般家庭で飼育できる個体が販売されるようになりました。

全　　　長	35〜45cm	平均寿命	5〜10年
分布エリア	エジプトなど		
分布環境	乾燥気味の気候の森林		
生活エリア	樹上棲	活動時間	昼行性
環境温度	25〜30℃（ホットスポット32℃ぐらい）		
食性（エサ）	動物食性（コオロギなどの昆虫）		

左、上の写真ともにメスの婚姻色（別の個体）。種名の「カーペット」はメスの体色・模様が美しいペルシャ絨毯のようであることに由来

095 カーペットカメレオン【カメレオン科フサエカメレオン属】
Carpet Chameleon

入手しやすさ	★★★☆☆	飼育しやすさ	★★★★☆

　マダガスカルに分布する固有種で、マダガスカル島内ではもっともよく見かけるカメレオンといわれています。中型のカメレオンで、平均寿命は1〜3年とやや短命です。

全　　　長	18〜25cm	平均寿命	1〜3年
分布エリア	マダガスカル		
分布環境	温暖で乾燥気味の気候の森林		
生活エリア	樹上棲	活動時間	昼行性
環境温度	24〜28℃（ホットスポット32℃ぐらい）		
食性（エサ）	動物食性（コオロギなどの昆虫）		

捕食シーンが大迫力のカメレオンは一定の湿度を維持しつつ通気性を確保する

パンサーカメレオンは国内でもっとも人気が高いカメレオンです。飼育についてはカメレオンならではの注意点がありますが、個性的な外見や生態は人の心を惹きつける魅力にあふれています。　ナビゲーター／ふじぴこ　取材／RAFちゃんねる 有馬（本書監修者）

パンサーカメレオンの魅力

個性があり、お気に入りの個体を見つけやすい

　パンサーカメレオンはカメレオンのなかでは丈夫な種です。体のサイズは比較的、大きく成長し、存在感があります。また、ローカリティが多く存在し、赤や青など、いろいろな体色の個体がいます。市場の流通量が多いので、お気に入りの個体を見つけやすいのも魅力の一つです。

飼育に必要なもの

通気性を考慮してメッシュのものがよい

　他のカメレオンの種にも共通していることとして、カメレオンは樹上棲なので、ケージは高さがあるものを選び、ケージ内は生体が立体的な活動ができるように人工のツタなどをレイアウトします。カメレオンの飼育の重要なキーワードの一つは「通気性」で、ケージは側面がメッシュになっているものが向いています。霧吹きなどを使用するので、ケージの素材はアルミニウム合金などの錆びないものがおすすめです。また、ホットスポットを作るために保温ライトや紫外線ライトを設置します。

【飼育に必要なものの一例】

- ケージ／幅約46×奥行約46×高さ約80cm（アルミ製のメッシュケージ）
- 床材／ペットシーツ
- ライト類／バスキングライト（50W）、紫外線ライト
- レイアウト品／爬虫類・両生類用の人工ツタ、葉の人工植物

※成体の水分補給やケージ内の湿度の維持のために霧吹きを使用するが、自動のミスティングシステムがあると便利

基本的な飼育方法

アダルト個体の給餌は3日に一度

エサは主としてコオロギやデュビア（爬虫類・両生類の
エサとしてポピュラーな昆虫）で頻度はアダルト個体は3
日に一度が目安。与える際には市販のカルシウムパウダー
を添加します。昆虫のサイズは生体に応じて選び、1回の
食事の量は4〜5匹ぐらいです。

掃除も定期的に

他の種と同じように排泄物を見つけたらすみやかに処理
するなど、ケージ内はできるだけ清潔に保つのが基本です。

天面に設置したバスキングライト。なお、
他の人気種である「エボシカメレオン」も
ここで紹介している環境で飼育できる
が、温度はやや高めがよい（ワット数で
いうと70Wが向いている）

温度は26℃前後が目安

飼育環境の温度は26℃前後が目安でホットスポットは32℃前後に設定します。また湿度につい
ては乾燥に注意が必要で、定期的に霧吹きをします。

飼育のポイント

朝夕はジメッと、昼はカラッと

カメレオンの飼育でポイントとなるのが、「一定
の湿度が必要である一方で、通気性も求められる」
ということです。カメレオンが暮らしている自然環
境というと「高温多湿な森林」というイメージがあ
るかもしれませんが、そうではなくて「朝夕は霧が
立ち込めて湿度が高くなるが、昼は日光が差してカ
ラッとする」というイメージが正しいでしょう。

定期的な霧吹きが必要なことは間違いありません
が、霧吹きの頻度を高くしすぎると、皮膚病のリス
クがあります。

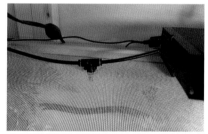

ここで紹介している飼育環境では、自動ミスティ
ングシステムの時間は朝の6時と10時、17時
の1日3回に設定している

水は個性に応じた与え方を

パンサーカメレオンを含めて、カメレオンの飼育で難しい
とされるのが水の与え方です。よく「水入れの水は飲まない」
といわれています。霧吹きには湿度を維持するのに加えて、
「生体がレイアウト品やケージの側面についた水滴を舐めて
水分補給をするためのもの」という働きもあります。ただ、
なかには水入れの水を飲む個体もいますし、方法については
私は優しく個体の顔に水滴を垂らして水を与えています。生
体の個性に応じた水の与え方を見つけましょう。

ふじぴこ
カメレオンを中心にいろいろな生き
物の動画を投稿している生き物系
YouTuber。1分以内で生き物の魅
力を伝える縦長動画コンテンツも人
気でTikTokなどでも活躍している。

底の床材の上にお皿を設置すると、そこに水が溜まり、その水を舐める個体もいる

第6章

両生類
カエル

ひと口にカエルといっても、体色がとても鮮やかだったり、
枯葉のような個性的なフォルムをしていたりと、さまざまな種がいます。
まずはバラエティ豊かなカエルの世界を覗いてみましょう。
きっと「一緒に暮らしたい」という種が見つかるに違いありません。

本章の掲載種

▲ヤドクガエル→118ページ

▲アメフクラガエル→129ページ

●種名は「キオビヤドクガエル」

096 ヤドクガエル 【ヤドクガエル科ヤドクガエル属など】
Poison Dart Frog

入手しやすさ	★★★★☆	飼育しやすさ	★★☆☆☆

全　長	2.5〜5cm	平均寿命	5〜12年
分布エリア	南アメリカ大陸の北部		
分布環境	熱帯雨林など		
生活エリア	半樹上棲	活動時間	昼行性
環境温度	23〜28℃		
食性(エサ)	動物食性(コオロギなどの昆虫など)		

「キオビヤドクガエル」の背面。黄と黒のコントラストが美しい

■特徴
　「ヤドクガエル」は正式には科の名前で、属は9つ、種は200以上が確認されています。最大の種でも全長は5cmぐらいと、小型のカエルです。大きな特徴は鮮やかな色彩の体色で、赤などの原色がベースのものやメタリックな輝きを放つ種がいます。

■飼育のポイント
　大型種、小型種で最適な温度がかわるので注意が必要です(大型種のほうが最適な温度が高い傾向があります)。また、エサはとても小さい昆虫なので、その昆虫を自分で殖やすことも視野に入れて飼育にチャレンジしましょう。

ヤドクガエルの種

種名は「マダラヤドクガエル」で、「ミドリヤドクガエル」とも呼ばれる。流通量が多く、ポピュラーなヤドクガエル

種名は「コバルトヤドクガエル」。種名が示すように、体色は鮮やかな青色である「コバルトブルー」である

種名は「アイゾメヤドクガエル」。ヤドクガエルの仲間では大型の種で、大きい個体は5㎝ぐらいまで成長する。上の写真の左は「シトロネラ」、右は「アラニス」

第6章 両生類【カエル】

119

種名は「イチゴヤドクガエル」。代表的な体色はフルーツのイチゴのような赤系だが、体色のバリエーションはとても豊富。四肢が青いものは、ジーパンを履いているようなので「ブルー・ジーン」と呼ばれる

種名は「シレンシスヤドクガエル」。小型の「ヤドクガエル」の仲間で、全長は2㎝に満たない個体が多い。メインの体色は黄色系で四肢のまだら模様も美しい

種名は「ファンタスティカヤドクガエル」で、頭が赤なので「ズアカヤドクガエル」とも呼ばれる。平均的な全長は約2㎝で、背中の模様はいろいろなタイプの個体がいる

ヤドクガエルの種

種名は「バリアビリスヤドクガエル」。メタリックな体色はヤドクガエルのなかでも「もっとも美しい種」と称されることがある

種名は「バンゾリーニヤドクガエル」。黒地に鮮やかな黄系のドット柄が特徴で、国内での人気が高い種である

種名は「ベネディクタヤドクガエル」。左ページの「ファンタスティカヤドクガエル」と同様に頭が赤色をしている

MEMO
自然環境を表現する

「ヤドクガエル」は半樹上棲なのでケージは高さがあるものを選ぶのが基本です。また、生体のサイズが小さいこともあり、そのなかで自然環境を表現して楽しむ飼育者が多くいます。

体色がグリーン（緑色）系の個体

このように淡い黄赤色の体色は「アプリコット」と呼ばれる

色素が少ない「アルビノ」の個体

097 クランウェルツノガエル【ツノガエル科ツノガエル属】
Cranwell's Horned Frog

入手しやすさ	★★★★★	飼育しやすさ	★★★★★

全　　　長	10〜15cm	平均寿命	10〜15年
分布エリア	南アメリカ大陸の南部		
分布環境	温暖な気候の近くに水辺がある草地		
生活エリア	地表棲	活動時間	夜行性
環境温度	22〜28℃		
食性（エサ）	動物食性（コオロギなどの昆虫や人工飼料など）		

光沢がある「ブルーメタリック」の個体もいる

■特徴
　真上から見ると真円に近い形で、とても個性的なフォルムをしたカエルです。表情もかわいらしく、とくに最近は人気となっています。分類についてはツノガエル科ではなく、ユビナガカエル科とする資料もあります。

■飼育のポイント
　食欲がとても旺盛で共食いをすることもあります。人工飼料を食べる個体が多く、「ツノガエル」専用の人工飼料が販売されています。初心者でも飼育しやすい種です。自然環境下では土に潜る性質があるので、床材は粒が小さめの両生類用のソイル（丸い粒状のタイプ）などがよいでしょう。

クランウェルツノガエルのいろいろな体色

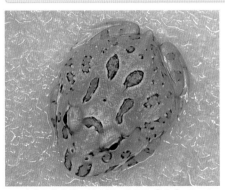

このようにやや濃いめの緑の体色は「ペパーミント」
と呼ばれる

「ブラウン」の個体。ひと口に「ブラウン」といっ
ても明暗などの個体差がある

淡い緑である「ライムグリーン」の個体。茶色系の
模様も美しい

最近はこのように色素が少ない「ミュータント」の
個体も流通している

MEMO
いろいろなツノガエルの種

　市場に流通しているツノガエルの仲間には他にも「ベルツノガエル」などの種がいます。
外見は似ていますが種としては別で、多くは「クランウェルツノガエル」と同じような環境
で飼育できます。

種名は「ベルツノガエル」。「クランウェルツノ
ガエル」よりも鼻先が短い傾向がある

種名は「アマゾンツノガエル」。目の上の突起が
大きくて目立つ

色素の一部が欠乏している「トランスルーセント」の個体

色素も持たない「アルビノ」は体色は白で目は赤い

098 ニホンアマガエル【アマガエル科アマガエル属】
Japanese Tree Frog

入手しやすさ	★★★★★	飼育しやすさ	★★★★★	国内

全　　　長	2〜4cm	平均寿命	4〜7年
分布エリア	日本を含む東アジア		
分布環境	国内の池や水田の周辺など		
生活エリア	基本的には樹上棲	活動時間	夜行性
環境温度	20〜27℃		
食性(エサ)	動物食性(コオロギなどの昆虫や人工飼料など)		

緑系ではなく茶色に近い個体もいる

■特徴
　国内の水田などでよく見かける、日本人に馴染み深い種です。樹上性とされていますが、地表にいたり、水に泳いでいることも多く、活動範囲はとても広いです。周囲の環境などによって体色を変えることができるほか、色素が欠乏していて、もともと体色が異なる個体もいます。

■飼育のポイント
　国内に分布する種なので温度の変化に強く、比較的、容易に飼育ができます。また、小型種のため飼育環境のレイアウトを崩される心配が少なく、いろいろな植物を活かしたビバリウム作りを楽しめます。

サイズは4〜8cmで「ニホンアマガエル」（124ページ）より大きい

吸盤が大きく、垂直の壁を上ることができる

099 モリアオガエル【アオガエル科アオガエル属】
Forest Green Tree Frog

入手しやすさ	★★★☆☆	飼育しやすさ	★★★☆☆	国内

全　　　長	4〜8cm	平均寿命	3〜5年
分布エリア	日本		
分布環境	本州と佐渡島の森林		
生活エリア	樹上棲	活動時間	夜行性
環境温度	18〜25℃		
食性（エサ）	動物食性（コオロギなどの昆虫）		

■特徴
　日本の固有種。普段は山地で暮らしていて、地上に下りることはほとんどありません。繁殖期の4〜7月頃は生息地付近の湖沼や水田などに集まり、水面付近に垂れた木の枝に泡状の卵を産みます。なお、最近の森林の減少により、数を減らしています。

■飼育のポイント
　大型の樹上棲のカエルなので高さがあるケージを用意し、樹上棲とはいえ水分は必要なので水入れを設置します。体に比例して排泄物の量が多いのでこまめに掃除しましょう。

モリアオガエルは体色や模様の個体差が大きい

125

「シュレーゲルアオガエル」には黄色系のスポット（斑点）が入る個体もいる

100 シュレーゲルアオガエル【アオガエル科アオガエル属】
Schlegel's Green Tree Frog

入手しやすさ ★★★★☆ 飼育しやすさ ★★★★★ 国内

全　　　長	3〜5.5cm	平均寿命	5〜7年
分布エリア	日本		
分布環境	北海道を除く国内の池や水田		
生活エリア	樹上棲	活動時間	夜行性
環境温度	18〜25℃		
食性(エサ)	動物食性（コオロギなどの昆虫）		

　国内に広く分布する、日本の固有種。「ニホンアマガエル」（124ページ）とよく似ていますが、そちらは目の後ろの側頭部に黒系の模様やラインがあるのに対して、本種は緑系の一色です。

101 カジカガエル【アオガエル科カジカガエル属】
Kajika Frog

入手しやすさ ★★★☆☆ 飼育しやすさ ★★★★☆ 国内

全　　　長	3〜7cm	平均寿命	7〜10年
分布エリア	日本		
分布環境	国内の渓流などの山地の水辺		
生活エリア	樹上棲	活動時間	夜行性
環境温度	20〜25℃		
食性(エサ)	動物食性（コオロギなどの昆虫）		

　山地の清流に棲む、日本の固有種です。見た目は少し地味な印象がありますが、「フィ、フィ、フィ…」という高い音程の鳴き声は美しく、種名はその鳴き声が雄鹿に似ていることに由来するとされています。

102 ミヤコヒキガエル【ヒキガエル科ヒキガエル属】
Miyako Toad

入手しやすさ	★★★★☆	飼育しやすさ	★★★★★	国内

全　　　長	6～12cm	平均寿命	8～12年
分布エリア	日本		
分布環境	宮古列島の湿地や農耕地		
生活エリア	地表棲	活動時間	夜行性
環境温度	20～30℃		
食性（エサ）	動物食性（コオロギなどの昆虫や人工飼料など）		

体色などに個体差がある。こちらは全体的な色味が明るい個体

■特徴
　国内の水田などでよく見かける「ニホンヒキガエル」（128ページ）の近縁種。「ニホンヒキガエル」よりも体のサイズが小さく、四肢も短めです。宮古列島にのみ生息している、日本の固有種です。宮古島では条例により採取が禁止されている一方、北大東島や南大東島にいる個体は人間によって移入されたと考えられていて、採取は禁止されていません。

■飼育のポイント
　比較的、サイズや重さが大きくなるのでケージ内のレイアウトは細かいものは不向きです。シンプルなレイアウトで飼育しましょう。

愛称は「ガマガエル」。体色は全体的な色味の
明暗などの個体差がある

103 ニホンヒキガエル【ヒキガエル科ヒキガエル属】
Japanese Common Toad

入手しやすさ ★★★★☆ 飼育しやすさ ★★★★★ 　国内

　日本の固有種で、水田などでも見かける身近な種。
厳密には西日本に分布していて、東日本に分布してい
るのは「アズマヒキガエル」という種です。そちらは
東京の23区内の住宅地でも見かけることがあります。

全　　　長	8〜18cm	平均寿命	8〜12年
分布エリア	日本		
分布環境	北海道を除く国内の池や水田		
生活エリア	地表棲	活動時間	夜行性
環境温度	22〜28℃		
食性(エサ)	動物食性(コオロギなどの昆虫や人工飼料など)		

MEMO
偉そうな姿

　天敵に襲われた際などにお
腹に空気を溜めて体を膨らま
せる姿が、偉そうで「殿様」の
ように見えます。そのため、
「トノサマガエル」という個性
的な種名がついたといわれて
います。

104 トノサマガエル【アカガエル科トノサマガエル属】
Black-spotted Pond Frog

入手しやすさ ★★★★★ 飼育しやすさ ★★★★★ 　国内

　北海道を除く国内に広く分布し、水田でもよく見か
けます。頭からお尻に入る白系のラインと黒系の斑紋
が外見の特徴。以前はアカガエル属でしたが、最近は
トノサマガエル属に分類されています。

全　　　長	5〜9cm	平均寿命	3〜5年
分布エリア	日本を含む東アジア		
分布環境	本州、四国、九州などの池、沼、水田		
生活エリア	半水棲〜地表棲	活動時間	夜行性
環境温度	18〜25℃		
食性(エサ)	動物食性(コオロギなどの昆虫や人工飼料など)		

同じ個体を正面（左の写真）、横（中央の写真）、後ろ（右の写真）から見たところ

105 ミツヅノコノハガエル 【コノハガエル科コノハガエル属】

Long-nosed Horned Frog

入手しやすさ	★★★☆☆	飼育しやすさ	★★★★☆

　顔の先端と左右それぞれの目の上に角のような突起がある、個性的な姿の種。その角は落ち葉に擬態するためのものと考えられています。比較的、涼しい環境を好むとされています。

全　　　長	7〜14cm	平均寿命	5〜10年
分布エリア	インドネシアなどの東南アジア		
分布環境	熱帯気候の渓流周辺の森林		
生活エリア	地表棲	活動時間	夜行性
環境温度	22〜25℃		
食性（エサ）	動物食性（コオロギなどの昆虫）		

106 アメフクラガエル 【フクラガエル科フクラガエル属】

Common Rain Frog

入手しやすさ	★★★★☆	飼育しやすさ	★★★☆☆

　丸い体でかわいらしいカエルです。その外見と同様に生態も個性的で、普段の暮らしの多くは土に潜っています。なかには潜ったまま出てこない個体もいるので、その場合は定期的に掘り返してエサを与えます。

全　　　長	4〜6cm	平均寿命	5〜10年
分布エリア	アフリカ大陸の東南部		
分布環境	温暖な気候の森林や草地		
生活エリア	地中棲	活動時間	夜行性
環境温度	24〜28℃		
食性（エサ）	動物食性（コオロギなどの昆虫）		

正面から見たところ。顔の皮膚にたるみがある

107 イエアメガエル【アマガエル科アメガエル種】
White's Tree Frog

入手しやすさ	★★★★★	飼育しやすさ	★★★★★

全　　　長	7〜12cm	平均寿命	10〜20年
分布エリア	オセアニア、インドネシア		
分布環境	熱帯性気候の草地や森林		
生活エリア	半樹上棲〜樹上棲	活動時間	夜行性
環境温度	20〜30℃		
食性(エサ)	動物食性(コオロギなどの昆虫や人工飼料など)		

斑点があるタイプがいて、こちらは「スノーフレーク」と呼ばれる

■特徴

　国内でよく見かける「二ホンアマガエル」(124ページ)に似た印象の外見をしていますが、本種のほうがサイズが大きく、ふっくらとした体つきです。体色は緑系ですが、茶色に近い色味の個体もいます。また、カエルのなかでは長生きする種とされています。

■飼育のポイント

　比較的、大きなサイズに成長します。高さのあるケージを使い、なかのレイアウトは生体の立体運動を意識しましょう。なお、食欲旺盛な個体が多く、人工飼料もスムーズに受け入れる傾向があります。

金色の網目模様が入った瞼

108 アカメアマガエル【アマガエル科アカメアマガエル属】
Red-eyed Tree Frog

入手しやすさ	★★★★☆	飼育しやすさ	★★★★☆

種名が示すように赤い目をしたカエルです。体色は緑系で、この色は樹木の葉の上で休むときに保護色になると考えられています。また、瞼（まぶた）は透明で金色の網目模様が入っています。

全　　　長	5〜7cm	平均寿命	5〜10年
分布エリア	中米		
分布環境	熱帯雨林		
生活エリア	樹上棲	活動時間	夜行性
環境温度	22〜28℃		
食性(エサ)	動物食性(コオロギなどの昆虫や人工飼料など)		

最大の特徴は十字のラインが入る目。また白系と黒系のモノトーンの体色も個性的である

109 ジュウジメドクアマガエル【アマガエル科ドクアマガエル属】
Amazon Milk Frog

入手しやすさ	★★★★★	飼育しやすさ	★★★★★

「ジュウジメ」は漢字では「十字目」で目に漢字の「十」のようなラインが入ります。別名は「ミルキーフロッグ」で、外敵に襲われると皮膚から白い毒液を分泌します。素手で触ったら手を洗いましょう。

全　　　長	6〜10cm	平均寿命	3〜5年
分布エリア	中米、南アメリカ大陸の北部		
分布環境	熱帯雨林		
生活エリア	樹上棲	活動時間	夜行性
環境温度	22〜28℃		
食性(エサ)	動物食性(コオロギなどの昆虫や人工飼料など)		

110 カンムリアマガエル 【アマガエル科カンムリアマガエル属】
Spiny-headed Tree Frog

入手しやすさ	★★☆☆☆	飼育しやすさ	★★★★☆

全　　　長	6〜8cm	平均寿命	3〜5年
分布エリア	中米、南米		
分布環境	熱帯雨林		
生活エリア	樹上棲	活動時間	夜行性
環境温度	22〜28℃		
食性(エサ)	動物食性(コオロギなどの昆虫や人工飼料など)		

　頭の後ろ側に突起があり、冠をかぶっているように見えます。国内の飼育数が少ない珍しい種です。繁殖にも特徴があり、孵化したオタマジャクシは周囲の未受精卵を食べて成長するとされています。

オス（左の写真）は緑系、メス（上の写真）は 黒系の地にクリーム色系の斑模様である

111 リゲンバッハクサガエル 【クサガエル科 クサガエル属】
Riggenbach's Reed Frog

入手しやすさ	★★★☆☆	飼育しやすさ	★★★★☆

全　　　長	2〜4cm	平均寿命	5〜10年
分布エリア	カメルーン、ナイジェリア		
分布環境	高原の湿地帯など		
生活エリア	樹上棲	活動時間	夜行性
環境温度	22〜28℃		
食性(エサ)	動物食性(小型のコオロギなどの昆虫)		

　四肢の指先が赤色なのが大きな特徴です。また、成体の体色がオスとメスで大きく異なることも広く知られています。樹上棲なのでケージ内のレイアウトは生体が立体的に動けることを意識しましょう。

下唇から体側にかけて白いラインが入る。な
お、指先の吸盤はそれほど発達していない

112 ソバージュネコメガエル【アマガエル科 ネコメガエル属】
Waxy Monkey Leaf Frog

入手しやすさ	★★☆☆☆	飼育しやすさ	★★★★★

乾燥地域に生息する種で、ワックスのような分泌液
を四肢を使って体表に塗り、水分が蒸発するのを防い
でいます（その分泌液はモルヒネの40倍の鎮痛作用
があるそうです）。素手で触れたら手を洗いましょう。

全　　　長	6〜8cm	平均寿命	4〜5年
分布エリア	ブラジル、アルゼンチンなどの南米		
分布環境	乾燥気味の気候の森林		
生活エリア	樹上棲	活動時間	夜行性
環境温度	25〜30℃		
食性(エサ)	動物食性(コオロギなどの昆虫や人工飼料など)		

体色の濃い緑系は樹木の葉の上にいるときに
保護色となる

113 グラニュローサアマガエルモドキ【アマガエルモドキ科 コクラネラ属】
Grainy Cochran Frog

入手しやすさ	★★☆☆☆	飼育しやすさ	★★★☆☆

「グミガエル」ともいわれる種の一つです。透き通
るような皮膚をしていて、腹側から観察すると内臓が
透けて見えます。体色は緑系がベースで、背中には濃
い青系の斑点があります。

全　　　長	2〜3cm	平均寿命	5〜8年
分布エリア	中米		
分布環境	熱帯雨林		
生活エリア	樹上棲	活動時間	夜行性
環境温度	22〜28℃		
食性(エサ)	動物食性(市販のコバエなどの昆虫や人工飼料など)		

美しくて生態も興味深いヤドクガエルは そもそもの種選びも大切なポイント

ヤドクガエルは総称で種によってサイズが異なります。そのため、飼育規模に合わせて種を選ぶことができるのも魅力です。ここでは基本的な飼育方法と飼う前に意識したい点を紹介します。

ナビゲーター／RAFちゃんねる 有馬（本書監修者）

ヤドクガエルの魅力

自然界にいることが信じられないほど鮮やかな配色

　ヤドクガエルは自然界に存在することを疑いたくなるほどの鮮やかな色彩、個性的な模様をしています。また、オタマジャクシを背中に乗せて移動させることもあり、生態も興味深いカエルです。なお、ヤドクガエルの毒は現地のアリを捕食することで後天的に得ています。流通している野生個体は「弱毒」があるので、触れる場合は濡れた手で触り、その後は必ずよく手を洗いましょう。

飼育に必要なもの

見た目と実用性のバランスを考える

　ヤドクガエルは熱帯雨林などに生息していて、一般的にケージ内はそのような環境を再現することが推奨されています。もちろん、それもヤドクガエルの飼育の楽しみですが、必要以上にレイアウトに凝るのは要注意。臆病な傾向がある種、あるいは個体もいるので、植物が鬱蒼（うっそう）と繁ったレイアウトで飼育すると、生体のコンデションを確認することができない可能性があります。ヤドクガエルを健康に飼育するには、見た目の美しさと生体の状態の観察しやすさのバランスを考慮することがポイントです。すなわち適度にシンプルな飼育環境を用意しましょう。

返しのついたエサ皿を使用する

　エサは小さい昆虫(コオロギの初齢や２齢の幼体、品種改良で飛べなくなったキイロショウジョウバエなど)で、他のカエルの種とは違い毎日、与えます。量は数分で食べ切れる量が目安です。注意したい点として、エサがとても小さいので「飼育環境から逃げる」などの問題が発生します。それを予防するためにおすすめなのは返しのついたエサ皿を使用することです。下の写真のようなエサ皿を設置すると、生体がエサの場所を覚えてエサ場に集まってくるようになります。

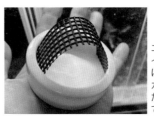

エサ皿は返しがついたタイプがよい。そのエサ皿に園芸用の鉢底ネットをカットしてアーチ状にしたものを昆虫の足場として設置するのがベスト

【飼育に必要なものの一例】

※多数飼育（4匹）の場合

- ●ケージ／幅約40×奥行約30×高さ約40cm
- ●床材／両生類用の市販のソイル（粒状の床材）
- ●飼育用品／水入れ、パネルヒーター（ケージ内の温度の目安は28℃で、ここではエアコンとの併用で管理）
- ●レイアウト品／炭化コルクボード（バックボードとして使用）、各種の観葉植物

【爬虫類倶楽部 渡辺社長 × RAFちゃんねる有馬】
飼育前の注意点

ヤドクガエルは初めて爬虫類・両生類を飼育するという初心者には難しい種です。
爬虫類・両生類ショップ『爬虫類倶楽部』の渡辺社長に
その理由や種の選び方のポイントを伺いました。

ヤドクガエルを飼育することはエサの虫を飼育すること

―ヤドクガエルを飼育するうえでの注意点を教えていただけますか。

渡辺 まず、「初めて生き物を飼います」という方には、じつははなかなかおすすめしにくい種であることをお伝えしたいと思います。

―特にどのあたりが？

渡辺 ずばりエサです。ヤドクガエル自体は結構丈夫なのですが、非常に小さな昆虫しか食べられません。生まれたばかりのコオロギなどを与える必要があるのですが、その確保が難しい。そういった生きているエサを扱っている爬虫類ショップが近くにあればいいのですが……。また仮に身近に購入できる施設があったとしても、そのような昆虫は死にやすいですし、すぐに成長してヤドクガエルが食べられないサイズになってしまいます。つまり、長期のストックができず、こまめに買いに行くというかたちになります。そうすると手間がかかるのと同時に経済的な問題も生じます。

　結果、ヤドクガエルに安定してエサを提供するには自分で殖やすことになります。要は「ヤドクを飼育する」ということは「エサの昆虫を飼育・繁殖する」ということになってしまうのです。それは大変なので、私個人としては、初めて生き物を飼育する方には別の種でしっかり慣れてから、ヤドクガエルにチャレンジすることをおすすめします。

ヤドクガエルは種選びも大切なポイント

―それでもいち早く飼いたい方にアドバイスを。

渡辺 飼育したいという方の気持ちはよくわかります。一つ、あるとしたら、ヤドクガエルにはいろいろな種がいて、サイズもさまざまです。バリアビリスヤドクガエル（121ページ）などのヤドクガエルのなかでも小型とされるものよりも、キオビヤドクガエル（118ページ）やアイゾメヤドクガエル（119ページ）などのヤドクガエルのなかでは中〜大型とされる種のほうが食べられるエサの大きさにも多少は融通が利くので飼育しやすいと思います。

―種選びもポイントになるのですね。

渡辺 種によって痩せやすい、あるいは反対に痩せにくいなどの傾向はあるので、その種の特徴をよく調べてからトライしたほうがよいかもしれません。先ほど、キオビヤドクガエルに触れましたが、キオビヤドクガエルは性格の面でも臆病ではないので環境に慣れやすく、よく見えるところへ出てきてくれたりと、飼育がしやすい傾向があります。いずれにせよ、ヤドクガエルはケージ内のレイアウトも楽しめますし、他のカエルの種の飼育に慣れてきてそろそろチャレンジしてみたいなという方にはぜひトライしてみてほしいと思います。私ども『爬虫類倶楽部』ではヤドクガエルの生体とエサとなる昆虫も扱っています（笑）。

キオビヤドクガエル

渡辺 英雄（写真右）
爬虫類・両生類ショップ『爬虫類倶楽部』代表。爬虫類の小売をはじめ、量販店のプロデュースなど、爬虫類業界で幅広く活躍中。

第7章

両生類
イモリ・
サラマンダー

▲ポルトガルファイアサラマンダー→141ページ

イモリやサンショウウオのように成体になっても尾が残っている
両生類を「有尾類」といいます。基本的には水辺の周りに生息しているため、
ケージ内には水場を設け、温度は爬虫類にくらべると低めに設定します。
丈夫な個体が多いので、お気に入りの種がいたら、ぜひ飼育にチャレンジしましょう。

※サラマンダーは有尾類を総称する英語で、海外に分布し、陸上でも暮らすグループを指します。
※本書で紹介している、種名に「サラマンダー」がつく種はイモリ科に分類されるものもいます。

本章の掲載種

▲オキナワシリケンイモリ（飼育環境）→143ページ

▲オキナワシリケンイモリ→138ページ

▲ポルトガルファイアサラマンダー→141ページ

▲マーブルサラマンダー→142ページ

ケージ内には水場と陸の両方を設ける。どちらがメインでもよい

正面から見ると目が大きく、かわいらしい顔をしている

114 オキナワシリケンイモリ【イモリ科イモリ属】
Japanese Sword-tailed Newt

| 入手しやすさ | ★★★★☆ | 飼育しやすさ | ★★★★★ | 国内 |

全　　長	10〜18cm	平均寿命	15〜20年
分布エリア	日本		
分布環境	沖縄県内の池や沼		
生活エリア	半水棲〜水棲	活動時間	昼夜不問
環境温度	水温／20〜25℃		
食性(エサ)	動物食性(冷凍赤虫や人工飼料など)		

■特徴
　日本の固有種で沖縄諸島に分布しています。種名の「シリケン」は漢字では「尻剣」で、長く、剣のように尖った尾をしています。背中に赤のラインが入ったり、金箔が散りばめられたような華やかな個体もいます。

■飼育のポイント
　陸場メイン、水場メインいずれの飼育環境でも飼育可能です。比較的、水場メインの飼育環境のほうが野生個体のエサへの食いつきは良くなります。慣れたら陸場メインの飼育環境でも問題なく飼育できるでしょう。

> **MEMO**
> ### 奄美にもいる
> 　「オキナワシリケンイモリ」は「アカハライモリ」の亜種で、近縁種に奄美大島などに分布する「アマミシリケンイモリ」がいます。

赤いお腹には黒色系の模様が入る。その入り方には地域差がある

115 アカハライモリ 【イモリ科イモリ属】
Japanese Fire Bellied Newt

入手しやすさ ★★★★★ 飼育しやすさ ★★★★★ 国内

日本の固有種。身近な存在ですが、自然環境下での数が減少してきていて採取が禁止されている地域もあります。左ページの「オキナワシリケンイモリ」と異なり、水場がメインの飼育環境を用意します。

全　　長	7～14cm	平均寿命	15～20年
分布エリア	日本		
分布環境	北海道を除く国内の池や沼		
生活エリア	半水棲～水棲	活動時間	昼行性
環境温度	水温／20～25℃		
食性（エサ）	動物食性（冷凍赤虫や人工飼料など）		

116 アメイロイボイモリ 【イモリ科ミナミイボイモリ属】
Himalayan Crocodile Newt

入手しやすさ ★★★★☆ 飼育しやすさ ★★★★★

「アメイロ」は漢字で書くと「飴色」で、「透明感のある濃いオレンジ色」を表現する言葉です。本種はその飴色の体色で、背中（あるいは側面）にイボがあります。産卵期以外は陸上で暮らします。

全　　長	12～20cm	平均寿命	10～20年
分布エリア	中国の東南部など		
分布環境	山地の湿地		
生活エリア	地表棲	活動時間	夜行性
環境温度	15～25℃		
食性（エサ）	動物食性（イトミミズや人工飼料など）		

117 オビタイガーサラマンダー 【トラフサンショウウオ科 トラフサンショウウオ属】
Barred Tiger Salamander

入手しやすさ	★★★★☆	飼育しやすさ	★★★★★

全　　長	20〜30cm	平均寿命	10〜20年
分布エリア	北米、中米		
分布環境	乾燥気味の気候の森林など		
生活エリア	半水棲	活動時間	昼行性
環境温度	20〜27℃		
食性(エサ)	動物食性(コオロギなどの昆虫や人工飼料など)		

MEMO
成体と幼体で姿が違う
イモリやサラマンダーは幼体のときはふさふさの「エラ」があり、水中で暮らします。成長とともにエラが縮み、上陸して成体になります。

■特徴
　一般家庭で飼育可能な有尾類のなかでは体のサイズが大きい種です。体色も特徴があり、タイガー（虎）のように黄系と黒系の2色から成り立っています。なお、「タイガーサラマンダー」と呼ばれる種は、他にも「ハイイロタイガーサラマンダー」など、いくつかの種がいて、とくに本種は「トウブタイガーサラマンダー」とともによく流通しています。

■飼育のポイント
　有尾類の仲間には水棲の種もいますが本種は地表棲の性質が強く、ケージ内には陸場を設置します。

種名の「ファイア」は両目の後ろあたりから毒を発射（ファイア）することに由来するとされている。他の爬虫類・両生類の仲間にも共通していることとして、触れたあとは手を洗うように

118 ポルトガルファイアサラマンダー【イモリ科 サラマンドラ属】
Portuguese Fire Salamander

入手しやすさ	★★★★☆	飼育しやすさ	★★★★★

全　　　長	15～25cm	平均寿命	10～20年
分布エリア	ポルトガル、スペインなど		
分布環境	比較的、冷涼な気候の森林		
生活エリア	半水棲	活動時間	夜行性
環境温度	18～25℃		
食性（エサ）	動物食性（冷凍赤虫や人工飼料など）		

　「ファイアサラマンダー」はヨーロッパを代表する有尾類で、ヨーロッパの広い範囲に分布し、15～20ぐらいの亜種が存在するといわれています。本種は種名が示すようにポルトガルやスペインの森林に分布しています。

MEMO

フランスなどにも分布する

　「フランスファイアサラマンダー」も国内で人気が高い種です。こちらは右の写真のように模様の色が原色で目立ちます。

119 マダライモリ【イモリ科クシイモリ属】
Marbled Newt

入手しやすさ	★★★★☆	飼育しやすさ	★★★★★

地表棲の傾向が強い種ですが、繁殖期になると1日の多くを水中ですごすようになります。その繁殖期にはオスは背中の首から尾の先端にかけて、まるで魚の背びれのように大きく隆起します。

全　　　長	12〜17cm	平均寿命	15〜20年
分布エリア	フランス、スペイン、ポルトガル		
分布環境	温暖な気候の森林地帯の水辺		
生活エリア	地表性	活動時間	昼行性
環境温度	22〜28℃		
食性(エサ)	動物食性(冷凍赤虫や人工飼料など)		

120 マーブルサラマンダー【トラフサンショウウオ科 トラフサンショウウオ属】
Marbled Salamander

入手しやすさ	★★★★☆	飼育しやすさ	★★★★★

マーブル（大理石を模した模様）のような模様が特徴。繁殖期以外は陸上で暮らします。産卵も水中ではなく朽木の下に卵を産むことがあり、その場合は孵化した幼体は雨で池に流されるようです。

全　　　長	9〜13cm	平均寿命	8〜10年
分布エリア	アメリカの東部		
分布環境	冷涼〜温暖な気候の森林地帯の水辺		
生活エリア	地表棲	活動時間	夜行性
環境温度	20〜25℃		
食性(エサ)	動物食性(コオロギなどの昆虫や人工飼料など)		

国内に分布している種で飼いやすく
自然環境を再現した美しいビバリウムに最適

オキナワシリケンイモリは沖縄県に分布するイモリです。ケージ内は水場を設けて美しくレイアウトすると生体を観察するのが、さらに楽しくなります。

ナビゲーター／RAFちゃんねる 有馬（本書監修者）

オキナワシリケンの魅力

飼育しやすく、人に慣れる

　イモリはコケや観葉植物、流木を活用したビバリウム作りに最適な両生類です。そのような美しいビバリウムを指す「イモリウム」という言葉もあります。国内に分布している種ではオキナワシリケンイモリ以外に、アマミシリケンイモリやアカハライモリなどが家庭で飼育されています。

基本的な飼育方法とポイント

水と陸を同じ割合でレイアウトする

　ここでは水場：陸場＝1:1のレイアウトを紹介します。水入れに水を入れるのではなく、飼育環境全体に水を張るので湿度はしっかり保たれ、コケや葉のある植物を青々と維持できます。また、軽石や赤玉土、コケで傾斜をつけて陸地を作っているため、生体は難なく上陸できます。

エサはカメのエサでOK

　エサの頻度は3日に一度。エサはカメのエサをふやかしてピンセットで与えます。お腹がいっぱいになると食べなくなるので、それが量の目安です。

　あるいは冷凍のアカムシでもよく、その場合は生体を別の容器に移して、そこで与えます。ケージ内にエサを撒くとケージ内が汚れやすく環境の維持が難しくなってしまいます。

食事に関する個性を見極める

　飼育のポイントの一つに生体の食事に関する個性を見極めることがあります。陸地でないと食べない個体がいれば、反対に水中でないと食べない個体もいます。個性に応じたエサの与え方を見つけましょう。

【飼育に必要なものの一例】

※成体を複数飼育（4匹）の場合

- ケージ／幅約58×奥行約39.2×高さ約32cm
- 床材／下から順に軽石→赤玉土→ハイゴケなどの数種類のコケ
- レイアウト品（流木、観葉植物）

冷凍のアカムシを別の容器に移してエサを与えているところ。左の容器は「オキナワシリケンイモリ」、右は近縁種の「アマミシリケンイモリ」

第7章　両生類［イモリ・サラマンダー］

【監修者】RAFちゃんねる 有馬

1990年8月13日生まれ。都内のIT企業で働きな
がら爬虫類を中心とした生き物系YouTuberと
して活動。王道種からマニアが唸るニッチな品種
まで総勢200匹以上を飼育中。様々な生き物の飼
育環境のレイアウトが学べる前作『爬虫類と両生
類の暮らしを再現 ビバリウム 生息環境・品種別
のつくり方と魅せるポイント』（メイツ出版）も
大好評発売中。本書が2冊目の監修となる。

YouTube『RAFちゃんねる』
Reptiles（爬虫類）、Amphibian
（両生類）、Fish（魚類）の魅力を
ラフに発信中。
https://www.youtube.com/@
raf_ch

■制作プロデュース：有限会社イー・プランニング
■編集・制作：小林英史（編集工房水夢）
■撮影：RAFちゃんねる 有馬、かとうれいな
■写真提供（50音順）：アニマルタイガ、おむつ【爬虫類】、オリュザ、かとうれいな、カメ
まる子、かわいいいきものたち、小池真里奈、ジャイゲコ専門店ジャイコ、シンレプタイル
ズ、鷹切美鶴、猫ひさし、爬虫類倶楽部、ぴよのカエルch、【ニシアフ専門店】ファット
テール、ファニーテール、ふじぴこ、ボールパイソン専門店 DEU Reptiles、真夜中の
ビバリウム、よのへ、レオパの尋屋、CANDLE、CREPAX、DREXX、lien（リアン）
■取材協力（50音順）：爬虫類倶楽部、ふじぴこ、ボールパイソン専門店 DEU
Reptiles、レオパの尋屋
■DTP/本文デザイン：松原卓（ドットテトラ）

飼いたい種類が見つかる 爬虫類・両生類図鑑
人気種から希少種まで厳選120種

2024年 1月30日　第1版・第1刷発行
2024年10月30日　第1版・第4刷発行

監　　修　RAFちゃんねる 有馬（らふちゃんねる ありま）
発 行 者　株式会社メイツユニバーサルコンテンツ
　　　　　代表者 大羽 孝志
　　　　　〒102-0093東京都千代田区平河町一丁目1-8
印　　刷　シナノ印刷株式会社

ご意見・ご感想はホームページから承っております。
ウェブサイト　https://www.mates-publishing.co.jp/

企画担当：千代 寧